Rolf Meier

# Erfolgreiche Teamarbeit

25 Regeln für Teamleiter und Teammitglieder

Für meine Tochter Johanna

*Rolf Meier*

*Rolf Meier*

# Erfolgreiche Teamarbeit

*25 Regeln für Teamleiter und Teammitglieder*

Bibliografische Information der Deutschen Bibliothek

Die Deutsche Bibliothek verzeichnet diese Publikation in der Deutschen Nationalbibliografie; detaillierte bibliografische Informationen sind im Internet über http://dnb.ddb.de abrufbar.

ISBN 3-89749-585-6

Lektorat: Susanne von Ahn, Hasloh
Umschlaggestaltung: +malsy Kommunikation und Gestaltung, Bremen
Umschlagfoto: zefa visual media
Satz und Layout: Lohse Design, Büttelborn
Zeichnungen: Peter Lohse, Büttelborn
Druck und Bindung: Salzland, Staßfurt

© 2006 GABAL Verlag GmbH, Offenbach

Alle Rechte vorbehalten. Vervielfältigung, auch auszugsweise, nur mit schriftlicher Genehmigung des Verlages.

www.gabal-verlag.de
www.gabal-shop.de
www.gabal-ist-ueberall.de

# Inhalt

**Einleitung:**
**Was ein Spitzenteam ausmacht** . . . . . . . . . . . . . . . . . 7

**Voraussetzung:**
**der passende Rahmen, die richtigen Leute** . . . . . . . . . . 10

   1. Erfolgschancen prüfen . . . . . . . . . . . . . . . . . . . 10
   2. Teammitglieder auswählen . . . . . . . . . . . . . . . . . 15
   3. Kompetenzen sichern . . . . . . . . . . . . . . . . . . . . 22
   4. Rollen finden . . . . . . . . . . . . . . . . . . . . . . . . . 30
   5. Zusammenraufen ermöglichen . . . . . . . . . . . . . . . 40

**Bedingung:**
**gute Kooperation** . . . . . . . . . . . . . . . . . . . . . . . . . 48

   6. Spielregeln festlegen . . . . . . . . . . . . . . . . . . . . 48
   7. Zielorientiert arbeiten . . . . . . . . . . . . . . . . . . . 50
   8. Zuständigkeiten schaffen . . . . . . . . . . . . . . . . . 56
   9. Für ausreichende Informationen sorgen . . . . . . . . . 62
  10. Kommunikation sicherstellen . . . . . . . . . . . . . . . 72
  11. Entscheidungen treffen . . . . . . . . . . . . . . . . . . . 78

**Daueraufgabe:**
**Förderung der Teamkultur** . . . . . . . . . . . . . . . . . . . . 91

  12. Hemmnissen begegnen . . . . . . . . . . . . . . . . . . . 92
  13. Motivation erhalten . . . . . . . . . . . . . . . . . . . . 104
  14. Mit Fehlern umgehen . . . . . . . . . . . . . . . . . . . 110
  15. Feedback nutzen . . . . . . . . . . . . . . . . . . . . . . 116
  16. Veränderungen meistern . . . . . . . . . . . . . . . . . 122

Inhalt

**Alltag:
Konfliktmanagement** . . . . . . . . . . . . . . . . . . . . . . . 127

17. Konflikten vorbeugen . . . . . . . . . . . . . . . . . . . . 128
18. Spannungen erkennen . . . . . . . . . . . . . . . . . . . . 131
19. Nach Ursachen forschen . . . . . . . . . . . . . . . . . . 136
20. Konflikte angehen . . . . . . . . . . . . . . . . . . . . . . . 139
21. Mobbing begegnen . . . . . . . . . . . . . . . . . . . . . . . 148

**Zentralfigur:
Teamleiter** . . . . . . . . . . . . . . . . . . . . . . . . . . . . . . . 152

22. Rolle annehmen . . . . . . . . . . . . . . . . . . . . . . . . 152
23. Mit Teammitgliedern Ziele vereinbaren . . . . . . . . . . 158
24. Einzelne Mitarbeiter fördern . . . . . . . . . . . . . . . 166
25. Bei Problemen helfen . . . . . . . . . . . . . . . . . . . . 175

**Ein Wort zum Schluss** . . . . . . . . . . . . . . . . . . . . . . 183

**Literatur** . . . . . . . . . . . . . . . . . . . . . . . . . . . . . . . 184

**Stichwortverzeichnis** . . . . . . . . . . . . . . . . . . . . . . 185

---

**Tipps für Teamleiter**

**Tipps für Teams**

---

# Einleitung:
# Was ein Spitzenteam ausmacht

In vielen Arbeitsbereichen könnten sowohl das Arbeitsklima wie die Ergebnisse besser sein, wenn alle zusammen systematisch am gemeinsamen Erfolg arbeiten würden, kurz: wenn sie sich als *Team* begriffen. Teamarbeit hat einen guten Ruf. Sie wird mit moderner Organisation assoziiert, mit Qualitätssteigerung, besseren Entscheidungen, Kostensenkungen und höherem Engagement der Mitarbeiter.

Ein Team zeichnet sich durch besondere Merkmale aus: **Teamkennzeichen**
- Die Zusammenarbeit ist hierarchiefrei, jeder hat dieselben Rechte und auch Pflichten.
- Verschiedene Persönlichkeitsausprägungen, unterschiedliche Erfahrungen und Kenntnisse tragen dazu bei, die Ergebnisse zu optimieren.
- Das Team organisiert seine Arbeit weitgehend selbst, weshalb auch von selbststeuernden Gruppen gesprochen wird.

Teamarbeit schafft Synergien, Energien, die aus der Zusammenarbeit entspringen. Nachweislich erreichen Arbeitsgruppen bessere Ergebnisse, wenn die Mitglieder sich als Team verstehen und als solches kooperieren. Insbesondere verbessert sich die Zufriedenheit der Mitarbeiter und damit ihre Motivation; das hat zahlreiche Vorteile – sowohl für den einzelnen Beschäftigten wie für die Organisation als Ganzes, etwa das Unternehmen:

## Einleitung: Was ein Spitzenteam ausmacht

**Vorteile von Teamarbeit**
- Die Mitarbeiter haben größere Gestaltungsspielräume.
- Sie tragen Mitverantwortung, können sich so besser mit Zielen und Aufgaben identifizieren.
- Wissen und Erfahrung der Angestellten werden besser genutzt, da die Arbeitsaufteilung sich weniger an formalen Strukturen als an den Stärken der Einzelnen ausrichtet.
- Nicht zuletzt wird durch eine intensive Zusammenarbeit das Gefühl der Zusammengehörigkeit, der Teamgeist, gefördert, was den Arbeitsergebnissen zugute kommt.

Die Stärken von Teams kommen besonders gut bei komplexen und neuartigen Aufgaben zum Tragen, etwa in Projekten.

**Mögliche Probleme im Team**
Doch was sich in der Theorie gut anhört, kann in der Praxis schwierig sein. Nicht zufällig wird das Wort Team gerne mit „Toll, ein anderer macht's" oder „Täglich ein anderer am Marterpfahl" übersetzt. Teamarbeit erfordert ein hohes Maß an Kommunikation, was Zeit kostet. Dies kann ebenso ein Nachteil sein wie die Schwierigkeit, Teams trotz Selbstbestimmung und Eigenverantwortung richtig zu führen und die Leistungen einzelner Mitarbeiter angemessen einzuschätzen.

Wie gut Ihr Team ist, zeigt sich in zwei Dingen:
- Wie effizient arbeiten Sie, welcher Aufwand steht welchem Nutzen/Ergebnis gegenüber? (Sachebene)
- Wie reibungslos funktioniert die Zusammenarbeit? (Beziehungsebene)

**Der richtige Rahmen**
Begünstigt wird Teamarbeit durch einen passenden organisatorischen Rahmen:

## Einleitung: Was ein Spitzenteam ausmacht

**Organisatorischer Rahmen**

Zusammensetzung der Gruppe

Qualität der Teambildung

| Kompetenzen | Synergieeffekte | Ressourcen |
|---|---|---|
| Spielräume | Persönliche Stärken | Personal |
| Freiräume | Wissen | Zeit |
| Befugnisse | Erfahrung | Finanzmittel |

**Unterstützung durch Teamleitung**

| Steuerung | Kooperation | Unterstützung |
|---|---|---|
| Zielsetzung | Information | Interessenvertretung |
| Aufgaben | Kommunikation | Arbeitsbedingungen |
| Controlling | Zusammenarbeit | Coaching |

Effizienz der Arbeit

Effektivität der Zusammenarbeit

Ein Team lebt von einer guten Kooperation, von ausreichender Information, einem regen Austausch. Die Arbeitserledigung wird durch Ziele gesteuert. Diese zu formulieren ist eine der Hauptaufgaben des Teamleiters. Zu seinen Pflichten gehören ferner die Interessenvertretung des Teams nach außen, das Schaffen günstiger Rahmenbedingungen, die Unterstützung der Gruppe und einzelner Mitarbeiter bei Fragen und Problemen.

Die folgenden Kapitel sollen Ihnen diese Faktoren näher bringen. Wenn Sie sie berücksichtigen, werden Sie bald erkennen: „Teamarbeit halbiert den Aufwand und verdoppelt den Nutzen."

In diesem Sinne wünsche ich Ihnen viele interessante Erfahrungen bei der Arbeit im und am Team.

*Rolf Meier*

# Voraussetzung: der passende Rahmen, die richtigen Leute

Man kann mit den Kollegen *zusammen arbeiten* und man kann als Team *zusammenarbeiten*. Der Unterschied liegt in der Art der Zusammenarbeit. Ein Team hat gemeinsame Ziele und ein gemeinsames Verständnis davon, welche Aufgaben wie zu erfüllen sind. Die Kollegen kooperieren nicht nur punktuell.

**Arbeitsteams und temporäre Teams**

Es gibt zwei verschiedene Formen von Teams:
- *Arbeitsteams*, die ständig zusammenarbeiten und die über lange Zeit bestehen können, allerdings einer mehr oder weniger hohen Fluktuation unterliegen;
- *temporäre Teams*, die zusammenkommen, um eine bestimmte Aufgabe zu lösen und ein Ziel zu erreichen. Typische Beispiele sind Projektteams und Qualitätszirkel. Solche Teams sind oft hierarchie-, abteilungs- und organisationsübergreifend zusammengesetzt.

Sie müssen allerdings stets bedenken, dass Teamarbeit nicht per se anderen Organisationsformen überlegen ist. Es kommt auf die Aufgabe an, auf die beteiligten Kollegen und auf die Ziele.

## 1. Erfolgschancen prüfen

Sie können nicht einfach festlegen, dass ab sofort bei Ihnen Teamarbeit stattfinden soll. Es reicht auch nicht aus, dass die Kollegen im Team arbeiten wollen. Eine positive Teamentwicklung hängt vielmehr von zwei Faktorenbündeln ab:

# 1. Erfolgschancen prüfen

- **Harte Faktoren als Voraussetzung**
  Eine Zusammenarbeit mit ausreichender Kommunikation muss möglich sein, die Gruppe darf nicht zu groß sein, die Rahmenbedingungen müssen stimmen.

- **Weiche Faktoren als Grundlage**
  Die Kollegen müssen Interesse an einer guten Zusammenarbeit haben, von der Persönlichkeit her sollten sie willens sein, sich für die gemeinsame Sache zu engagieren.

*Harte und weiche Teamfaktoren*

## Richtige Gruppengröße

Als ideal gilt eine Zahl von fünf bis sieben Teilnehmern. Bei weniger Mitgliedern kommen die Synergieeffekte in der Gruppe nicht richtig zum Tragen, bei mehr Personen rauben die Kommunikations- und Abstimmungsprozesse viel Zeit. Ab einer Gruppengröße von zwölf oder mehr Menschen bilden sich vielfach Untergruppen. Zu bedenken ist außerdem, dass ein Teamleiter nicht eine unbeschränkte Zahl an Mitarbeitern gleichzeitig führen kann. Auch hier ist die Grenze bei rund zwölf Leuten erreicht. Allerdings muss man bei der Gruppengröße oft Kompromisse eingehen, denn sie wird auch vom Arbeitsgebiet, vom Auftrag und den Zielen mitbestimmt.

**Ist die Arbeitsgruppe zu groß, können Sie überlegen, ob sie sich in Teilgruppen aufteilen lässt.**

## Passende Aufgaben

Die Aufgaben müssen sich dazu eignen, im Team bearbeitet zu werden. Gerade bei eingefahrenen, hierarchisch strukturierten Arbeitsabläufen und in der Folge ausgeprägtem Spezialistentum kann es schwierig sein, die Kollegen zum Team zu führen.

## Interesse an der Zusammenarbeit

Besteht bei den Mitarbeitern überhaupt Interesse an einer intensiven Zusammenarbeit? Mit Schwierigkeiten müssen Sie bei folgenden Konstellationen rechnen:

Voraussetzung: der passende Rahmen, die richtigen Leute

**Problematische Konstellationen**

- Kollegen verfolgen in erster Linie eigene Interessen und stellen diese über die Ziele der Arbeitsgruppe.
- Viele Beschäftigte stufen die gemeinsame Arbeit als eher unwichtig ein und engagieren sich entsprechend wenig, liefern nicht die versprochenen Ergebnisse, verpassen wichtige Sitzungen, kommen zu spät.
- Es herrscht Konkurrenz zwischen Kollegen, Informationsaustausch und Kommunikation sind mangelhaft, Vertrauen fehlt.

Natürlich kommt es auch auf die Einstellung der Mitarbeiter an. Grundsätzlich lassen sich drei verschiedene Grundhaltungen unterscheiden:

**Wichtig: die Einstellung anderen gegenüber**

- die *individualistische* Einstellung,
- die *konkurrierende* Einstellung und
- die *kooperative* Einstellung.

Für Teamarbeit sind die Kollegen am besten geeignet, die sich kooperativ verhalten, die offen sind für Ideen anderer und gerne mit anderen zusammenarbeiten, deren Hauptziel es ist, gemeinsam ein gutes Ergebnis zu erringen.

### Möglichkeit zur Kommunikation

Damit ein Team entstehen kann, müssen die Mitarbeiter über längere Zeit intensiv genug zusammenarbeiten können. Gruppen, die sich nur selten sehen, bei denen die Kontakte kurz sind, bieten wenig Möglichkeiten zur Teamarbeit. Die Gruppenzusammensetzung sollte zudem einigermaßen stabil sein. Auch wenn ausreichend Gelegenheit zur Kommunikation besteht, heißt dies nicht unbedingt, dass diese auch genutzt wird. Mangelnder Austausch ist eines der Haupthindernisse für effektive Teamarbeit. Hier hilft nur, Kommunikationsmöglichkeiten zu schaffen, etwa durch regelmäßige Besprechungen, und die Kollegen immer wieder auf die Bedeutung eines regen Dialogs aufmerksam zu machen.

Untersuchungen zeigen, dass die Häufigkeit der Kontakte ein wichtiger Faktor für die Entstehung einer Gruppenstruktur ist.

# 1. Erfolgschancen prüfen

**Günstiger Rahmen**
Teams können nur dann produktiv arbeiten, wenn sie die nötigen Freiräume besitzen. Nicht zu Unrecht werden Teams auch als (teil-)autonome Gruppen charakterisiert. Sie sollten selbstständig Entscheidungen treffen und umsetzen, Arbeitsabläufe nach eigenen Vorstellungen gestalten und Ressourcen nutzen können. Starre, hierarchische Strukturen vertragen sich nicht mit effektiver Teamarbeit.

**Gemeinsame Ziele**
Die Ziele des Teams und seiner Mitglieder beziehen sich erst einmal auf die gemeinsame Arbeit. Somit handelt es sich um Arbeitsziele. Allerdings gibt es daneben oft auch Teamziele, die aus dem Wunsch nach einem guten Miteinander resultieren, etwa, harmonisch zusammenzuarbeiten, vielleicht auch, viel Zeit miteinander zu verbringen. Solche Teamziele sind wichtig, weil sie den Motor einer guten Kooperation darstellen. Allerdings sollten sie keinesfalls die Sachziele in den Hintergrund treten lassen. Gruppen, die sich zu intensiv mit sich selbst beschäftigen, sind leider keine Seltenheit.

*Sachziele und Teamziele*

**Wir-Gefühl**
Das Wir-Gefühl ist gleichzeitig Bedingung und Ergebnis eines erfolgreichen Teamprozesses. Der Teamgeist kennzeichnet die Verbundenheit mit der Gruppe. Diese Verbundenheit hängt ab von der Sympathie, die die Mitglieder füreinander empfinden, von der Toleranz, mit der sie jedem einzelnen Kollegen begegnen, und natürlich auch von der gemeinsamen Geschichte, den Erfolgen, vielleicht auch den Misserfolgen, die sie zusammen erlebt haben.

Die genannten Voraussetzungen sind gleichzeitig mögliche Hemmnisse für den Erfolg eines bestehenden Teams. Deshalb gilt es hier, immer wieder Probleme und Stolpersteine aus dem Weg zu räumen, die Kommunikation und Kooperation zu verbessern. Nur so kann es gelingen, die verschiedenen Stärken, Fähigkeiten und Fertigkeiten der einzelnen Mitarbeiter für den gemeinsamen Erfolg zu nutzen.

*Teambildung und Teamerhaltung*

Ein Team muss zusammenwachsen, effektive Teamarbeit bedarf bestimmter Rahmenbedingungen. Diese zu schaffen ist mit Mühe

Voraussetzung: der passende Rahmen, die richtigen Leute

verbunden. Deshalb sollten Sie stets überlegen, ob die Vorteile, die Teamarbeit mit sich bringt, den Aufwand rechtfertigen. Nutzen Sie dazu die folgende Checkliste. Je häufiger Sie mit „Stimmt" antworten konnten, desto günstiger sind die Voraussetzungen für eine erfolgreiche Teamentwicklung.

**Checkliste: Voraussetzungen zur Teamentwicklung**

| | stimmt | stimmt nicht |
|---|---|---|
| Die Arbeitsaufgaben lassen sich im Team besser abwickeln. | ☐ | ☐ |
| Von den Kenntnissen der Kollegen sind etliche Synergieeffekte zu erwarten. | ☐ | ☐ |
| Die Gruppenmitglieder sind an einer intensiven Zusammenarbeit sehr interessiert. | ☐ | ☐ |
| Von der Persönlichkeit her sind die Kollegen recht kommunikativ, verfügen über hohe soziale Kompetenz. | ☐ | ☐ |
| Bei geselligen Veranstaltungen nehmen die meisten teil. | ☐ | ☐ |
| Die Zahl der Mitarbeiter ist überschaubar. | ☐ | ☐ |
| Die Rahmenbedingungen lassen eine effektive Zusammenarbeit im Team zu. | ☐ | ☐ |
| Das Team wird angemessen angeleitet, produktiv zusammenzuarbeiten. | ☐ | ☐ |
| Zeit für eine ausreichende Kommunikation, Abstimmung und Information ist vorhanden. | ☐ | ☐ |
| Das Team hat genug Raum und Gelegenheit, sich zusammenzufinden. | ☐ | ☐ |

## 2. Teammitglieder auswählen

Bei temporären Teams besteht im Idealfall die Chance, die richtigen Leute auszuwählen und zusammenzubringen, was bei Arbeitsteams selten möglich ist. Leider gibt es auch bei temporären Teams häufig Sachzwänge: Jemand aus dem Vertrieb muss mit ins Team, der Abteilungsleiter möchte einen bestimmten Kollegen berücksichtigt sehen, ein Mitarbeiter lehnt wegen Arbeitsüberlastung ab.

Doch auch wenn Sie Zwängen bei der Zusammenstellung Ihrer Mannschaft unterliegen, wenn die Arbeitsgruppe vielleicht schon jahrelang besteht, sollten Sie so weit wie möglich auf den richtigen Mix unter den Kollegen achten. Jede Veränderung im Team, ob jemand weggeht oder neu dazukommt, ist eine gute Gelegenheit, den Zusammenhalt und die Leistungsfähigkeit eines Teams zu verbessern. **Zusammensetzung bewusst verbessern**

Über den Erfolg eines Teams entscheidet nicht nur das Fachwissen der Mitglieder. Genauso wichtig sind die Persönlichkeitsstruktur der Beteiligten und ihre Art, miteinander umzugehen. Arbeiten die falschen Kollegen zusammen oder wird das Team schlecht geführt, kann es schnell zu Problemen kommen. Schwierigkeiten entstehen manchmal schon deshalb, weil Teilnehmer eine solche selbstbestimmte Arbeitsorganisation nicht kennen und diese missverstehen oder missbrauchen. Wer es gewohnt ist, nach Vorschrift oder nach Anweisung zu arbeiten, tut sich mit der neuen Freiheit bisweilen schwer.

### Kompetenzen der Teammitglieder
Jedes Team steht und fällt mit den Kompetenzen seiner Mitglieder:
- persönliche Kompetenzen wie Einsatzfreude oder Kreativität,
- soziale Kompetenzen wie Kommunikations- oder Überzeugungsfähigkeit,
- methodische Kompetenzen wie Präsentations- oder Moderationstechnik,
- fachliche Kompetenzen wie Kenntnisse in Controlling oder Qualitätsmanagement.

**Basis-anforderungen und Leistungs-anforderungen**

Diese Kompetenzen lassen sich untergliedern in *Basisanforderungen* für die Teamarbeit, das sind (vor allem soziale) Fähigkeiten, die alle Mitglieder besitzen sollten, und *Leistungsanforderungen*, Sachkenntnisse, in denen sich die Kollegen unterscheiden müssen, denn ein Team lebt auch und gerade vom breit gefächerten Know-how der Beteiligten. Um ein Spitzenteam zu bilden, braucht man Kollegen, die motiviert bei der Sache sind, Ideen entwickeln, gerne mit anderen zusammenarbeiten, andere Meinungen tolerieren, sich gegenseitig helfen und unterstützen. Auf der Leistungsseite hingegen sollten sich die Mitarbeiter gegenseitig ergänzen (siehe Kapitel 3).

Achten Sie bei der Zusammenstellung des Teams möglichst von Anfang an darauf, dass sich keine ungünstige Konstellation ergibt. Zwei Kollegen, die um eine Beförderung konkurrieren, sollten Sie nicht in ein Team zwingen – gleichgültig, wie gut die Profile der beiden zu Ihrer Gruppe passen mögen. Vermeiden Sie weitestgehend folgende sechs typischen „Geburtsfehler" bei der Zusammenstellung eines Teams:

**„Geburtsfehler" bei der Team-zusammenstellung**

1. Es ist nicht klar, warum ein Mitarbeiter im Team ist.
   (*„Was hat der denn hier zu suchen?"*)
2. Die Hierarchieunterschiede sind zu groß.
   (*„Oh, der Leiter von Referat XY ist im Projekt. Da bin ich doch besser still."*)
3. Es bestehen Konflikte zwischen Kollegen.
   (*„Dem zeig ich's jetzt aber mal!"*)
4. Ein Mitglied hat resigniert.
   (*„Das haben die schon so oft versucht, das gibt doch wieder nichts."*)
5. Jemand streut Gerüchte.
   (*„Das ist doch alles nur Hokuspokus. Die Entscheidung ist längst gefallen."*)
6. Ein Mitarbeiter ist neidisch.
   (*„Warum hat der denn die Leitung bekommen? Eigentlich bin ich dran."*)

## 2. Teammitglieder auswählen

Besonders bei Teams, die nur eine bestimmte Zeit zusammenarbeiten – zum Beispiel in einem Projekt – ist die Zusammensetzung enorm wichtig. Es bleibt hier kaum Zeit, falsche Personalentscheidungen zu korrigieren.

Wie Teams zusammengesetzt sein sollten, hängt immer auch vom Aufgabenbereich ab. In einem erfolgreichen Team bringen verschiedene Personen ihre unterschiedlichen Kompetenzen ein. Anderenfalls sind Synergieeffekte nicht möglich. Die Betreuung eines Kundenprojektes in der Werbebranche stellt sicher andere Anforderungen an die Akteure als die Einführung einer Softwarelösung.

Um teamfähig zu sein, sollte jemand folgende Eigenschaften mitbringen:

**Hinweise auf Teamfähigkeit**

- **eine positive Einstellung zur Gruppenarbeit**
  Ein hoch qualifizierter Experte, der lieber für sich allein arbeitet und Teamsitzungen für „Schwafelrunden" hält, ist für die Teamarbeit recht nutzlos. Wenn erforderlich, sichern Sie sich als Teamleiter das Know-how von Mitarbeitern mit einer sehr individualistischen Einstellung am besten in einem persönlichen Gespräch. Auch Personen mit einer stark konkurrierenden Einstellung, die das Team als Plattform zur Selbstdarstellung betrachten, sollte der Teamleiter im Auge behalten und gezielt versuchen, sie ins Team zu integrieren.

- **geistige Beweglichkeit, Kreativität und Neugier**
  Ein Teammitglied, das gebetsmühlenartig immer wieder dieselben Vorschläge vorträgt, ohne nach rechts und links zu blicken, bringt seine Mannschaft nicht weiter. Ein guter Teamplayer lässt sich auf Ideen anderer ein und trägt eigene Aspekte zur Diskussion bei.

- **Frustrationstoleranz**
  Ein guter Teamspieler muss damit umgehen können, dass seine Vorschläge abgelehnt werden. Er sollte sich auch dann nicht beleidigt zurückziehen, wenn er sich nicht durchsetzen konnte.

- **Kritikfähigkeit**
  Bisweilen kann es bei Auseinandersetzungen im Team hoch hergehen. Möglicherweise werden Diskussionen im Eifer des Gefechts schon einmal unsachlich und persönlich. Kritikfähigkeit ist deshalb eine wichtige Eigenschaft von Teammitgliedern.

- **Lernfähigkeit und Lernbereitschaft**
  Hierbei müssen nicht nur fachliche Kompetenzen, sondern auch soziale und methodische Fertigkeiten berücksichtigt werden. Mancher Kollege hat vielleicht brillante Ideen, weiß aber nicht, wie er sie im Team präsentieren soll.

Ein Teammitglied, das allen genannten Anforderungen im gleichen Maße gerecht wird, ist sicherlich in der Realität kaum zu finden. Wichtig ist, dass das Team als Ganzes eine gute Mischung ergibt.

Bei bestehenden Teams können Sie als Teamleiter durch die Auswahl neuer Mitglieder gezielt Schwächen ausgleichen. Wenn Sie zum Beispiel feststellen, dass das Team wenig innovativ ist, holen Sie einen besonders kreativen Mitarbeiter dazu.

### Auswahlverfahren

Die Auswahl der Teammitglieder kann beispielsweise über ein Assessment-Center erfolgen. Von Vorteil ist hier die Aussagekraft der Ergebnisse, nachteilig ist allerdings der hohe Aufwand. Bei der Wahl des Teamleiters, der ja in hohem Maße Führungs- und Sozialkompetenzen besitzen muss, ist ein solches Auswahlverfahren zumindest überlegenswert.

Um ein gut strukturiertes Team zu bilden, kann man sich zahlreicher Persönlichkeitsmodelle bedienen. Ein gut handhabbares Grundmodell hat F. Riemann bereits 1956 entwickelt. In Anlehnung an dieses Modell lassen sich zwei Gegensatzpaare unterscheiden:

Das Persönlichkeitsmodell nach Riemann

## 2. Teammitglieder auswählen

Menschen, die eine Orientierung auf Nähe haben, sind häufig Sozialpromotoren, Distanzmenschen eher Fachpromotoren (siehe Kapitel 4). Menschen mit hoher Spontaneität sind vielfach kreativ, ordnungsliebende Menschen oft gute Abarbeiter.

Wenn Sie in Ihrem Team einmal überprüfen wollen, welche Kollegen zu welchen Ausprägungen neigen, oder dies für sich selbst ermitteln wollen, finden Sie hier die passende Einschätzungshilfe:

**Persönlichkeitsprofil**                                               **Persönlichkeitstest**
Bitte kreuzen Sie jeweils die Alternative an, zu der Sie eher neigen.

1. Sie müssen mit dem Auto zu einem Termin in eine fremde Stadt, haben aber kein Navigationssystem. Was tun Sie?
   - Ich fahre los. Es wird schon klappen. ☐ ja  O
   - Ich sehe mir vorab die Route an. ☐ ja  S

2. Sie haben sich verfahren. Was tun Sie?
   - Ich frage einen Passanten. ☐ ja  N
   - Ich schaue im Atlas nach. ☐ ja  D

3. Sie suchen ein Hotel. Worauf achten Sie?
   - Es sollte in der Stadtmitte liegen, damit man abends noch etwas unternehmen kann. ☐ ja  N
   - Es sollte ruhig liegen und möglichst gut zu erreichen sein. ☐ ja  D

4. Wie suchen Sie Ihr Hotel?
   - Ich fahre in die Innenstadt und suche mir ein schönes aus. ☐ ja  S
   - Ich frage bei der Touristeninformation nach. ☐ ja  O

5. Wie gestalten Sie den Abend?
   - Ich bleibe im Zimmer, lese oder sehe fern. ☐ ja  D
   - Ich gehe in die Bar und trinke noch einen. ☐ ja  N

6. Sie sind froh, nach dem langen Tag im Bett zu liegen. Das Hotel hat Ihnen ein Doppelzimmer gegeben. Welche Seite des Bettes nehmen Sie?
   - Ich nehme immer dieselbe Seite, ich achte auf die Nähe zur Tür oder zum Fenster. ☐ ja  O
   - Das ist mir egal. ☐ ja  S

## Voraussetzung: der passende Rahmen, die richtigen Leute

7. Am nächsten Morgen gehen Sie frühstücken. Der Frühstücksraum ist ziemlich voll.
   Ich suche mir einen einzelnen Tisch, der frei ist, auch wenn er etwas abseits liegt. ☐ ja  D
   Mir macht es nichts aus, mich an einen Tisch zu anderen zu setzen. ☐ ja  N

8. Sie packen Ihre Sachen. Wie gehen Sie dabei vor?
   Ich packe alles ordentlich ein. ☐ ja  O
   Ich stopfe die Sachen in den Koffer. ☐ ja  S

Bitte zählen Sie zusammen, wie häufig Sie die einzelnen Buchstaben gewählt haben.

| Buchstabe | O | S | D | N |
|---|---|---|---|---|
| Punkte | | | | |
| | Ordnung | Spontaneität | Distanz | Nähe |

Diese zwei Dimensionen sind als Koordinatensystem darstellbar, in dessen Feldern sich die Position einzelner Teammitglieder verdeutlichen lässt.

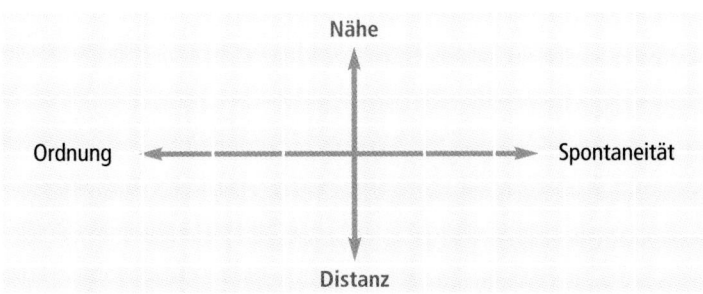

Jedes gute Team benötigt Mitarbeiter aus allen vier Bereichen. Eine Gruppe mit vielen spontanen, kreativen Menschen wird zahlreiche Ideen produzieren, aber Schwierigkeiten haben, Unbrauchbares auszusortieren und das Verbleibende systematisch und konsequent umzusetzen. Ohne Menschen, die Ideen einbringen und Neuerungen anregen, besteht umgekehrt die Gefahr, dass sich das Team in

## 2. Teammitglieder auswählen

der gewohnten Tagesarbeit einrichtet und Chancen auf Veränderungen nicht sieht und nicht nutzt. Besteht die Gruppe überwiegend aus Menschen, die allzu gerne mit anderen kommunizieren, kann die Arbeit darunter leiden, dass man oft ins Plaudern gerät, finden sich zu viele Eigenbrötler, geht dies auf Kosten der Information, des Austauschs und der Zusammenarbeit.

Falls Sie die Möglichkeit haben, die Auswahl neuer Kollegen mitzubestimmen, nutzen Sie das folgende Profil. Kreuzen Sie für die jeweiligen Bereiche an, wie wichtig die Kompetenz für das Team ist. Wenn Sie das Profil erstellt haben, können Sie in einem zweiten Schritt überlegen, welcher Mitarbeiter am ehesten diesem Profil entspricht.

**Checkliste: Auswahlprofil für Teammitglieder**

|  | sehr wichtig | wichtig | weniger wichtig | unwichtig |
|---|---|---|---|---|
| **fachliche Kompetenz** | | | | |
| Fachkenntnisse | ☐ | ☐ | ☐ | ☐ |
| Erfahrung | ☐ | ☐ | ☐ | ☐ |
| **methodische und soziale Kompetenzen** | | | | |
| methodisches Arbeiten | ☐ | ☐ | ☐ | ☐ |
| systematisches Arbeiten | ☐ | ☐ | ☐ | ☐ |
| Ziel- und Ergebnisorientierung | ☐ | ☐ | ☐ | ☐ |
| Problemlösungsorientierung | ☐ | ☐ | ☐ | ☐ |
| Teamfähigkeit | ☐ | ☐ | ☐ | ☐ |
| Organisationsfähigkeit | ☐ | ☐ | ☐ | ☐ |
| **persönliche Kompetenzen** | | | | |
| Kreativität | ☐ | ☐ | ☐ | ☐ |
| Konfliktfähigkeit | ☐ | ☐ | ☐ | ☐ |
| Problemlösefähigkeit | ☐ | ☐ | ☐ | ☐ |
| Kooperationsbereitschaft | ☐ | ☐ | ☐ | ☐ |
| Motivation | ☐ | ☐ | ☐ | ☐ |
| Flexibilität | ☐ | ☐ | ☐ | ☐ |
| Verantwortungsbewusstsein | ☐ | ☐ | ☐ | ☐ |
| Qualitätsbewusstsein | ☐ | ☐ | ☐ | ☐ |
| Kostenbewusstsein | ☐ | ☐ | ☐ | ☐ |

## 3. Kompetenzen sichern

Ein Team braucht Fachleute – möglichst auf unterschiedlichen Gebieten. Gibt es einzelne Spezialisten, können die anderen Mitglieder von ihnen profitieren. Fehlen ausreichende Kompetenzen, kann es schnell zu Überforderung, zu Frustration und zu Demotivation kommen.

**Gruppen- statt Einzel- maßnahmen** Einzelne Mitarbeiter zu schulen ist oft nicht der beste Weg, da die Teammitglieder ja interagieren und sich Defizite genauso wie positive Entwicklungen schnell auf alle auswirken. Isolierte Maßnahmen können ins Leere laufen, wenn das Umfeld ebenfalls betroffen ist und die Umsetzung des Gelernten an der Gruppe scheitert.

**Beispiel** *Wenn Konflikte innerhalb einer Arbeitsgruppe bestehen, hilft es wenig, einen einzelnen Mitarbeiter auf ein Konfliktmanagement-Seminar zu schicken.*

Es ist häufig sinnvoller, das ganze Team gemeinsam zu schulen. Überprüfen Sie als Verantwortlicher, ob es sich bei Fortbildungswünschen einzelner Mitarbeiter nicht eher um einen Teambedarf handelt. Dies dürfte bei vielen Themen aus dem Bereich der Sozialkompetenz der Fall sein, wie Konfliktmanagement, Kommunikation, Mobbing, aber auch bei Methodentrainings, etwa zu Stressbewältigung, Arbeitsorganisation und Zeitmanagement. Was nützt es beispielsweise, wenn ein Mitarbeiter gelernt hat, mit seiner Zeit optimal umzugehen, und seine Kollegen ihn behindern, weil sie Termine häufig nicht einhalten?

Vor allem dann sind Gruppenveranstaltungen sinnvoll, wenn die Zusammenarbeit oder gemeinsame Vorhaben Thema der Fortbildung sind. Verhaltensorientierte Seminare, etwa zum Umgang mit Kunden, werden generell deutlich effizienter sein, wenn alle Gruppenmitglieder daran teilnehmen. Hier können nämlich bereits im Seminar Umsetzungsmöglichkeiten ausgelotet und mögliche Schwierigkeiten besprochen werden.

Es ist allerdings zuweilen auch sinnvoll, einzelnen Mitarbeitern bestimmte Methodenkompetenzen zu vermitteln, sie etwa in Moderationstechnik oder Projektmanagement auszubilden, damit sie mit ihren Kenntnissen das ganze Team unterstützen können.

**Einzelförderung, die der Gruppe dient**

### Der Qualifizierungsbedarf

Verschiedene Methoden helfen, fehlende Kompetenzen zu erkennen:

**Wege, Defizite wahrzunehmen**

- Bei der *Verhaltensanalyse* stehen die Mitarbeiter selbst im Mittelpunkt:
  - Wie agieren sie in bestimmten Situationen, bei spezifischen Anforderungen?
  - Wo sind Defizite erkennbar? Kommen Beschwerden?
  - Wie lassen sich eventuelle Mängel ausräumen?
  
  Beispiel: *Wie gehen Mitarbeiter mit Kunden um?*

- Die *Betroffenheitsanalyse* untersucht, welches Teammitglied mit bestimmten Abläufen und Vorgängen betraut ist und welcher Schulungsbedarf daraus entsteht. Hier geht es um die Frage: Wer ist konkret von Veränderungen und Neuerungen betroffen und in welcher Weise?
  
  Beispiel: *Eine Kosten-Leistungs-Rechnung wird eingeführt. Welche Mitarbeiter müssen mit dem neuen System arbeiten?*

- Die *Problemanalyse* versucht Reibungspunkte aufzuspüren und abzustellen.
  
  Beispiel: *Der Informationsaustausch zwischen einigen Kollegen ist mangelhaft.*

- Die *Schwachstellenanalyse* nimmt Abläufe unter die Lupe und analysiert, wo es „hakt".
  
  Beispiel: *Es kommt zu Reklamationen wegen langer Bearbeitungszeiten.*

- Aus der *Analyse kritischer Zwischenfälle* lassen sich Qualifikationen ableiten, die solche Vorfälle vermeiden helfen.
  
  Beispiel: *Kunden beschweren sich über die Unhöflichkeit von Mitarbeitern.*

Voraussetzung: der passende Rahmen, die richtigen Leute

### Ziele und Qualifikationsanforderungen

Die Auswahl geeigneter Schulungsangebote, die Beurteilung des Erfolges einer Fortbildung ist nur möglich, wenn vorab Ziele für die Qualifizierung aufgestellt werden:
- Wie sollen Qualifizierungslücken geschlossen werden?
- Wie lassen sich Potenziale ausbauen?

**Umfang der Qualifizierung ermitteln**

Nicht jeder Mitarbeiter benötigt profunde Kenntnisse zu einzelnen Themen. Deshalb sollte die *quantitative Analyse*, die Ermittlung der Ziele und Themen der Qualifizierung, durch eine *qualitative Analyse* ergänzt werden. Grundfrage ist hier: Wie gut müssen die einzelnen Kenntnisse und Fertigkeiten beherrscht werden? Eine einfache Unterscheidung ist die zwischen
1. Übersichtskenntnissen,
2. fundierten Kenntnissen,
3. Expertenwissen.

Damit ist der Umfang der Qualifikation grob umrissen. Überprüft man daraufhin die Kenntnisse einzelner Mitarbeiter in notwendigen Bereichen, lassen sich vier verschiedene Stufen unterscheiden:

**Kenntnisstand prüfen**

1. Das Teammitglied beherrscht das Gebiet; eine Aktualisierung ist wünschenswert.
2. Die Kenntnisse sind im Wesentlichen vorhanden; eine Schulung hinsichtlich Systematisierung und Aktualisierung ist erforderlich.
3. Der Mitarbeiter hat lückenhafte Kenntnisse; eine Grundschulung, gegebenenfalls lediglich eine vertiefende Schulung, ist erforderlich.
4. Dem Betroffenen ist das notwendige Wissen unbekannt, eine Grundschulung ist in Breite und Tiefe zwingend geboten.

## 3. Kompetenzen sichern

Aus der Kombination der Fortbildungsthemen und der Schulungstiefe lassen sich dann individuelle *Qualifizierungspläne* entwickeln.

**Beispiel: Qualifizierungsplan**

**Qualifizierungsplan für** _____

| Priorität | Schulungsthema | Schulungstiefe | Dauer |
|---|---|---|---|
| 1 | Projektmanagement | Aktualisierung | 1 Tag |
| 2 | Moderationstechnik | Grundkenntnisse | 3 Tage |
| 3 | Präsentationstechnik | Aktualisierung | 1 Tag |
| 4 | Mitarbeiterführung | Aktualisierung | 2 Tage |

### Der richtige Zeitpunkt

Ein Problem ist oft der angemessene Zeitpunkt einer Fortbildungsmaßnahme. Schult man zu früh, kann das Wissen vielleicht schon wieder fast verschüttet sein, ehe es zur Anwendung kommt. Untersuchungen zeigen, dass bereits eine Woche nach der Qualifizierung bis zu 80 Prozent des Gelernten vergessen sind. Je höher der Wissensanteil im Seminar, desto wichtiger ist eine schnelle Umsetzung der erworbenen Kenntnisse. Dies gilt ganz besonders bei Sprachtrainings und IT-Kursen.

**Zu frühe Maßnahmen**

Schult man zu spät, haben sich vielleicht beim Mitarbeiter oder im ganzen Team schon Routinen eingeschliffen, die einer effektiven Arbeit entgegenstehen. Die Kunst besteht darin, zum richtigen Zeitpunkt die passende Qualifizierungsmaßnahme zu organisieren. Lassen Sie sich dabei von Ihrer Fortbildungsstelle unterstützen. Voraussetzung ist, dass Sie angeben, wie dringend die Schulung ist und bis wann sie erfolgen soll. Dringen Sie auch als betroffener Mitarbeiter auf einen sinnvollen Termin.

**Zu späte Maßnahmen**

### Der geeignete Lernweg

Seminare sind nur *ein*, wenn auch ein wichtiges Instrument, um Fortbildungsbedarf zu decken. Es gibt andere Möglichkeiten: Kongresse und Tagungen, Workshops, Gesprächs- und Erfahrungskreise und vor allem verschiedene Selbstlernmedien. Im Mittelpunkt der Entscheidung, welcher Lernweg für welches Teammitglied am besten geeignet ist, muss die Person des Lernwilligen selbst stehen.

**Entscheidungshilfe: Lernformen**

| Checkliste: Auswahl von Lernwegen | | | |
|---|---|---|---|
| | Veränderung von Einstellung und Verhalten | wichtig ☐ eher Seminar | weniger wichtig ☐ eher Selbstlernen |
| | Erfahrungsaustausch | wichtig ☐ eher Seminar | weniger wichtig ☐ eher Selbstlernen |
| | gemeinsames Lernen | wichtig ☐ eher Seminar | weniger wichtig ☐ eher Selbstlernen |
| | verfügbare Zeit | hoch ☐ eher Seminar | gering ☐ eher Selbstlernen |
| | Motivation zum Lernen | hoch ☐ eher Selbstlernen | gering ☐ eher Seminar |

**Vorteile selbst organisierten Lernens**

Für selbstständiges Lernen sprechen die wachsenden Schwierigkeiten, Mitarbeiter wegen hoher Arbeitsbelastung für Qualifizierungsmaßnahmen freizustellen. Hier eignen sich schriftliche Selbstlernmaterialien, Fernkurse, Lehrfilme und natürlich computergestützte Lernprogramme *(Blended Learning)*. Selbstlernen hat zwei Vorteile:

- Das Lernen wird individualisiert. Über- und Unterforderung lassen sich so vermeiden. Der Mitarbeiter kann sich allein mit den Inhalten beschäftigen, die er tatsächlich für seine Arbeit benötigt.
- Das Lernen wird flexibler. Der Lernende ist nicht mehr an feste Seminartermine gebunden und muss nicht monatelang auf den nächsten Kursus warten.

**Austausch fördern**

Allerdings fehlt beim Selbstlernen der Erfahrungsaustausch. Deshalb werden zunehmend Kombinationen von Selbstlernphasen und Workshops angeboten. Gerade Teammitglieder sollten ihre Kollegen von neu erworbenem Wissen profitieren lassen. Die Diskussion über den Stoff klärt zum einen Sachfragen und stärkt auf der anderen Seite das Gemeinschaftsgefühl.

## Die Umsetzung des Gelernten

Viele Seminare, an deren Ende die Teilnehmer positiv gestimmt, manchmal geradezu euphorisch sind, bleiben trotzdem ohne Erfolg. Der Grund ist, dass das Gelernte im Arbeitsalltag nicht umgesetzt wird. Mittlerweile hat sich ein Fachbegriff für dieses Phänomen eingebürgert: die *Transferlücke*.

Die Umsetzung scheitert an verschiedenen Faktoren. Die wichtigsten sind:

- **Mangelnde Zeit**
  Es bleibt nicht genügend Raum, um das Erlernte auszuprobieren. Allerdings ist dies auch eine beliebte Ausrede.

- **Mangelnde Unterstützung**
  Kollegen stehen den mitgebrachten neuen Ideen skeptisch gegenüber und räumen dem Teilnehmer keine Chance ein, sie umzusetzen – getreu dem Motto: „Das haben wir immer so gemacht, das wird nicht geändert."

- **Mangelnde Gelegenheit**
  Die Teammitglieder können beispielsweise ihr Wissen über Projektmanagement gar nicht anwenden, weil in ihrem Bereich keine Projekte durchgeführt werden.

*Typische Umsetzungsschwierigkeiten*

Notwendig sind gezielte Transferfördermaßnahmen nach der Maßnahme. Besprechen Sie nach einer Fortbildung im Team:
- Welche neuen Erkenntnisse bringen die Teilnehmer mit?
- Was lässt sich davon umsetzen?
- Wie und bis wann wollen Sie es umsetzen?
- Wer kann dabei helfen?
- Wie können weitere Kollegen an das neue Wissen herangeführt werden?

*Die Transferlücke schließen*

Voraussetzung: der passende Rahmen, die richtigen Leute

Die Implementierung des Lernstoffs können Sie zudem fördern, wenn Sie typische Fehler einer wenig durchdachten Qualifizierung vermeiden:

**Sinn von Bildungsmaßnahmen vorab sicherstellen**

- An einschlägigen Seminaren sollten nur Mitarbeiter teilnehmen, die in ihrem Arbeitsbereich das Gelernte unmittelbar umsetzen können. Hier gibt es eine Ausnahme: Ein Beschäftigter soll auf eine neue Aufgabe vorbereitet werden.
- Parallel zu einer Fortbildungsveranstaltung müssen die Teilnehmer notwendige Arbeitsmittel und Befugnisse erhalten. Beispielsweise hat es wenig Sinn, jemanden zu einem EXCEL-Seminar anzumelden, wenn ihm das Programm am Arbeitsplatz gar nicht zur Verfügung steht.
- Das Teammitglied sollte von sich aus motiviert an die Schulung herangehen. Denn die Anfangsmotivation wirkt sich direkt auf das Engagement im Lernprozess aus und damit auf die Umsetzungsmotivation und auf den Umsetzungserfolg.

**Geben Sie Ihren Mitarbeitern die notwendigen Freiräume, um zu experimentieren, zu üben und Neues auszuprobieren. Und natürlich muss auch Gelegenheit zur Anwendung geschaffen werden.**

**Überlegen Sie im Team, wie Kollegen und Mitarbeiter mit den neuen Ideen und Erkenntnissen vertraut gemacht werden können, etwa durch Weitergabe von Seminarunterlagen, eine Minischulung oder eine Präsentation während der nächsten Besprechung.**

Oft bietet es sich an, in Teamsitzungen gemeinsam nach Wegen zu suchen, wie sich innovatives Wissen erwerben und nutzen lässt. Im Idealfall kann daraus gleich ein Maßnahmenplan entwickelt werden. Weiterbildung sollte in jedem guten Team ständig auf der Tagesordnung stehen.

## 3. Kompetenzen sichern

**Checkliste: Kompetenzen im Team sicherstellen**

Welche Mitglieder verfügen über ein gutes Überblickswissen?
_____

Welche Mitarbeiter Ihres Arbeitsgebiets verfügen über Spezialwissen?
_____

Welche Mitarbeiter haben langjährige Erfahrung in ihrem Einsatzbereich?
_____

Welche Kollegen sollten sich noch Spezialkenntnisse aneignen?
_____

Welche Spezialisten könnten sich mehr zu Generalisten entwickeln?
_____

Wie können fehlende Kompetenzen erworben werden?
_____

Welche Qualifizierungsangebote stehen zur Verfügung?
_____

Welche Teammitglieder sind geeignet und bereit, ihr Wissen weiterzugeben?
_____

Welche Mitarbeiter können als Mentoren unerfahrene Kollegen unterstützen?
_____

Voraussetzung: der passende Rahmen, die richtigen Leute

## 4. Rollen finden

Zu einem erfolgreichen Team gehört, dass jeder seine Rolle in der gemeinsamen Arbeit und Zusammenarbeit findet und akzeptiert. Dies ist gleichzeitig ein Anhaltspunkt dafür, ob der gruppendynamische Prozess erfolgreich war (siehe Kapitel 5). In einem Team hat jeder Kollege mindestens eine Rolle – mehr oder weniger explizit, ob er es will oder nicht. Denn Rollen werden nicht nur bewusst angestrebt, wie zum Beispiel die Rolle des Führers, sondern auch zugewiesen. Falls ein Kollege sich nicht besonders hervortut, wird er eben als Mitläufer abgestempelt. Rollen erzeugen Erwartungen – Erwartungen, wie sich jeder selbst und auch alle anderen verhalten sollen. Für den Einzelnen entsteht im Idealfall eine Übereinstimmung zwischen den eigenen Erwartungen und den Rollen, die er im Team einnimmt.

**Rollentest**  **Rollen in Gruppen**
Überlegen Sie bitte, welche Rollen es in Arbeitsteams gibt. Wie wirken sich die einzelnen Rollen auf die Teamarbeit aus?

| Rolle | für ein effektives Arbeiten | | für ein gutes Gruppenklima | |
|---|---|---|---|---|
| | eher hinderlich | eher förderlich | eher hinderlich | eher förderlich |
| _____ | ☐ | ☐ | ☐ | ☐ |
| _____ | ☐ | ☐ | ☐ | ☐ |
| _____ | ☐ | ☐ | ☐ | ☐ |
| _____ | ☐ | ☐ | ☐ | ☐ |
| _____ | ☐ | ☐ | ☐ | ☐ |
| _____ | ☐ | ☐ | ☐ | ☐ |
| _____ | ☐ | ☐ | ☐ | ☐ |

# 4. Rollen finden

Manche Rollen sind für die Arbeit und für das Gruppenklima günstig, zum Beispiel die eines (fähigen) Leiters. Manche Rollen nützen hauptsächlich der Arbeit, etwa die des kreativen Ideengebers, andere vor allem dem Klima, beispielsweise die des Gruppenclowns. Es gibt aber auch Rollen, die weder für die eine noch für die andere Seite der Arbeit in der Gruppe dienlich sind, so die Rolle des Mitläufers. Im Hinblick auf die Unterstützung, die der Einzelne der Gruppe zukommen lässt, finden sich:

- Teammitglieder, die die Ziele im Blick behalten *(Zielpromotoren)*,
- Mitarbeiter, die den Fachbezug in den Vordergrund stellen *(Fachpromotoren)* und
- Mitglieder, die sich um das Team selbst kümmern *(Sozialpromotoren)*.

**Übergeordnete Rollen: Promotoren**

Genauso wichtig für den gemeinsamen Erfolg sind
- kreative Mitglieder, die für Probleme Lösungsideen finden,
- Teilnehmer mit einem ausgeprägten Blick für die Kosten, um die Effizienz sicherzustellen, und
- kritische Geister, die zu unrealistische Vorschläge auf ihre Praxistauglichkeit hinterfragen.

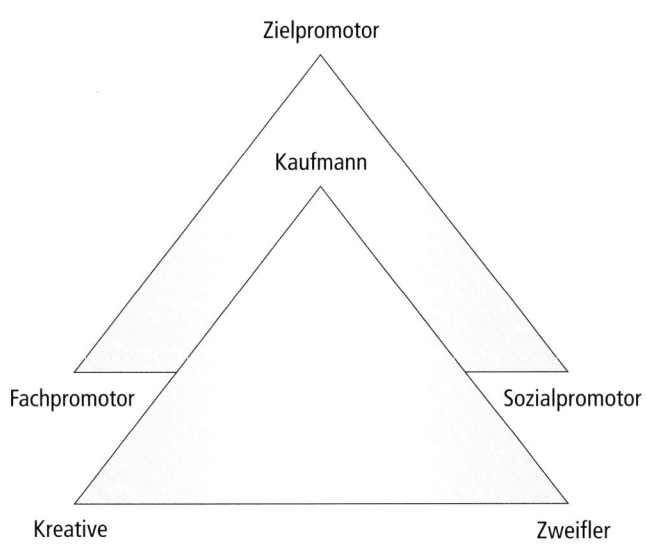

Die typischen Rollen im Team lassen sich gut den verschiedenen Promotoren zuordnen.

### Zielpromotoren

**Meinungsführer** ■ *Meinungsführer* und Macher gibt es in vielen Teams, vor allem, wenn die Gruppe recht groß ist. Sie haben für die Mitglieder, die sich eher zurückhalten, eine wichtige Orientierungsfunktion. Außerdem können sie dazu beitragen, langwierige und unnötige Diskussionen zu vermeiden oder abzukürzen. Allerdings sind mit dieser Position auch Gefahren verbunden: Solche dominanten Persönlichkeiten können eine Gegenposition zum Teamleiter aufbauen, versuchen, sich mit ihm zu messen, oder untereinander konkurrieren. Sie können die Gruppenmeinung so stark beeinflussen, dass sich einzelne Mitglieder übergangen fühlen.

**Engagierte** ■ *Engagierte* fühlen sich für die gemeinsame Arbeit und deren Produktivität verantwortlich. Sie übernehmen bereitwillig die Gesprächsleitung, sorgen für ein schnelles Ergebnis, passen auf, dass sich niemand übergangen fühlt, und sind gerne bereit, (zusätzliche) Aufgaben zu bearbeiten, vor allem, wenn dies dem Team nützt. Sie sind mit dieser Haltung eine Stütze jedes Teams. Jede Gruppe kann sich glücklich schätzen, wenn sie viele dieser Mitarbeiter in ihren Reihen hat. Dieses starke Engagement führt aber möglicherweise dazu, dass stille und zögerliche Mitarbeiter nicht zum Zuge kommen. Außerdem besteht die Gefahr, dass sich solche „Arbeitstiere" zu viel aufbürden. Darunter kann langfristig ihre Motivation leiden.

### Fachpromotoren

**Einzelgänger** ■ *Einzelgänger* sind eigentlich nicht für Teamarbeit geschaffen, sie fühlen sich wohler, wenn sie für sich arbeiten können. Sie beschäftigen sich gerne mit Dingen, mit Zahlen, mit Abläufen. Oft sind sie als Experten geschätzt. Die Vorliebe für zurückgezogene Tätigkeiten kann sie zu Außenseitern machen. Da Kommunikation oft nicht ihre Stärke ist, beteiligen sie sich kaum. Das Team profitiert bisweilen zu wenig von ihren fachlichen Stärken.

**Karrieristen** ■ *Karrieristen* haben ein Hauptziel: schnell die Erfolgsleiter nach oben zu klettern. Aus diesem Blickwinkel heraus bewerten sie ihr

Arbeitsumfeld und ihre Kollegen: Was nützt ihnen, wer hilft ihnen, sich in einem guten Licht zu präsentieren, wo stecken potenzielle Konkurrenten? Damit sind Karrieristen im Grunde nicht teamfähig, auch wenn sie dies manchmal vorschützen, weil Teamfähigkeit von der Leitung positiv gesehen wird. Solche Mitarbeiter können mit ihrem Einsatz und ihren Ideen ein Team voranbringen. Der Teamgeist leidet jedoch, wenn Karrieristen die Gruppe missbrauchen, um auf Kosten der anderen gut dazustehen; die Kollegen merken schnell, dass die Zusammenarbeit nur Mittel zum Zweck ist.

## Sozialpromotoren

- *Clowns* sorgen für gutes Klima. Immer wenn es zu sachlich wird, versuchen sie die Stimmung aufzulockern. Gruppenclowns sollten aber nicht zu stark auf diese Rolle festgelegt sein, auch sie sind verpflichtet, ihren fachlichen Beitrag zu leisten.

**Gruppenclowns**

Nicht leicht einzuordnen sind *Mitläufer*. Solche Teammitglieder zeigen weder bei der Sacharbeit noch bei der Zusammenarbeit besonderes Engagement. Man erkennt sie daran, dass sie sich schnell der vorherrschenden Meinung anschließen. Sie ergreifen selten die Initiative, arbeiten für sich und vor sich hin und versuchen, nicht aufzufallen. Mitläufer gehen Auseinandersetzungen gerne aus dem Weg. Ihre Anwesenheit im Team ist erst einmal nicht problematisch. Lediglich zwei Dinge sollten beachtet werden: Da Mitläufer gerne Konflikte vermeiden und sich bevorzugt einer anderen Meinung anschließen, lassen sie sich leicht manipulieren. Ein Meinungsmacher kann mit ihrer Hilfe seine Position durchdrücken. Damit geht eine der wesentlichen Stärken von Teams verloren, nämlich dass aus unterschiedlichen Sichtweisen heraus eine gemeinsame Lösung gefunden wird. Es ist mitunter schwierig, Mitläufer richtig einzuschätzen. Motivationsprobleme etwa sind bei ihnen schwer zu erkennen.

**Mitläufer**

Kennzeichnend für ein gutes Team ist eine gewisse Flexibilität in der Rollenzuordnung. Wer bei einer bestimmten Aufgabe das beste Know-how hat, sollte die fachliche Leitung übernehmen, wer brauchbare Methodenkenntnisse besitzt, als Moderator wirken. Auch sollte ein Team es verschmerzen können, wenn ein Mitglied

**Wichtig: keine starre Rollenverteilung**

abspringt. Zu einer vorübergehenden Minderung der Arbeitsfähigkeit kann es allerdings kommen, wenn Mitglieder mit wichtigen Rollen ausscheiden, seien es formelle oder informelle Führer, seien es Sozialpromotoren oder Fachpromotoren.

Rollen sollten nicht zu fest mit einzelnen Personen verbunden sein. Denn dies kann die Arbeitsfähigkeit behindern, wenn die betreffende Person ausfällt.

**Auf Rollenprobleme achten**
Die Zuweisung oder Übernahme von Rollen kann zu Problemen führen, zum Beispiel bei

- **Unklarheit über die Rolle**
  Jemand wird eine Rolle zugeschrieben oder eine bestimmte Rolle wird von einer Person angestrebt, dem Betreffenden ist aber unklar, ob ihm die Rolle tatsächlich zugefallen ist.

- **fehlender Beherrschung der Rolle**
  Jemand hat eine Rolle inne, verfügt aber nicht über die notwendigen Fertigkeiten und Fähigkeiten, um diese auszufüllen.

- **widersprüchlicher Rollenerwartung**
  An eine Person werden unterschiedliche Erwartungen gestellt.

  *Beispiel*

  *Von einem neuen Mitarbeiter erwartet der Chef, dass er endlich Schwung in die Arbeitsgruppe bringt, die Kollegen wünschen, dass er sich ihrem Arbeitsstil anpasst.*

- **Auseinandersetzungen um Rollen**
  Mehrere Personen versuchen dieselbe Rolle einzunehmen.

- **Diskrepanz zwischen zugeschriebener und angestrebter Rolle**
  Einem Teammitglied wird eine andere Rolle zuerkannt, als es selbst anstrebt.

*Problematische Rollen*

Es sind vor allem vier Rollen in Teams, die potenziell zu Schwierigkeiten führen:

- *Außenseiter,* die es zu integrieren gilt,

- *Gruppenclowns,* die die Arbeit nicht stören sollten,
- *Gegenführer,* die Unruhe in die Gruppe tragen und sie in verschiedene Lager spalten können,
- *Mitläufer,* die es zu motivieren und zu aktivieren gilt.

Außenseiter und Gruppenclowns kann man integrieren, indem man ihnen Aufgaben anvertraut, bei denen sie ihr Know-how beweisen können. Damit erreichen sie Anerkennung über Leistung. Diese Leistungen muss der Teamleiter dann allerdings auch würdigen.

Auch Gegenführer gilt es in die Arbeit einzubinden. Wege dazu sind,
- ihnen einen eigenen Verantwortungsbereich zu übertragen,
- sie bei Entscheidungen einzubeziehen,
- ihnen wichtige Aufgaben anzuvertrauen.

Sollte dies nicht fruchten, hilft vielleicht ein Gespräch unter vier Augen mit dem Teamleiter.

Mitläufer zu aktiven und engagierten Kollegen zu machen, gelingt am besten über eine gute Motivation durch Lob, Anerkennung, Beteiligung an Entscheidungen, Übertragen von Verantwortung, eine funktionierende Information und Kommunikation.

Wie das Beziehungsgeflecht in einer Gruppe aussieht, können Sie mithilfe eines *Soziogramms* feststellen. Hierbei wird in einer anonymen Abfrage ermittelt, welcher Mitarbeiter mit welchem Kollegen am liebsten zusammenarbeitet. Grafisch könnte es das Bild auf Seite 36 ergeben.

**Soziogramm erstellen**

Sie werden sehen, dass es Kollegen gibt, die besonders häufig gewählt werden. Typisch sind auch Paare und Untergruppen. Bei Personen, die häufig gewählt werden, ist wahrscheinlich, dass sie in der Gruppe eine besondere Stellung innehaben, möglicherweise als informelle Führer gelten können. Es kann sich jedoch ebenso um Sozialpromotoren, im Einzelfall auch um den Gruppenclown handeln. Personen, die bevorzugt Wortführer wählen, aber nicht selbst gewählt wurden, zählen vermutlich zu den Stillen, zu den Mitläufern. Vielleicht verbirgt sich dahinter auch ein Außenseiter. Paare können in der Gruppe ebenfalls eine Randposition einnehmen.

Voraussetzung: der passende Rahmen, die richtigen Leute

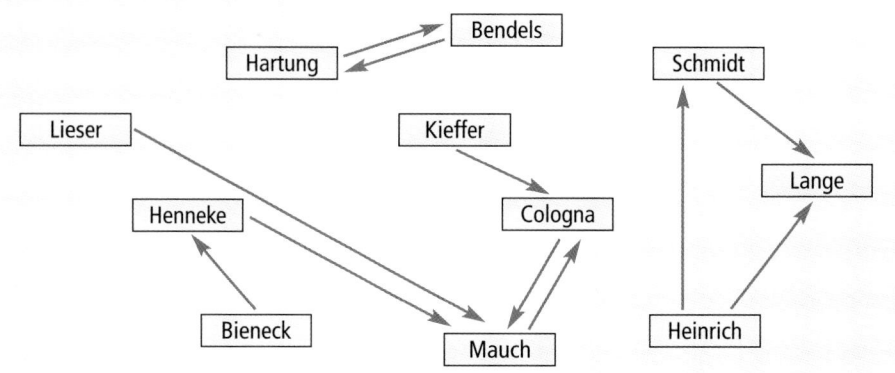

### Auf eine gute Mischung achten

Die Rollen im Team müssen sich gegenseitig ergänzen. Wichtig ist eine ausgewogene Mischung: Ein Team, das nur aus Sozialpromotoren besteht, wird sicherlich viel Spaß an der Arbeit haben, aber kaum brauchbare Ergebnisse liefern. Eine Gruppe mit vielen kreativen Elementen wird zahlreiche Vorschläge machen, von denen aber wahrscheinlich nur wenige tatsächlich zu gebrauchen sind.

*Notwendige Rollen nach Belbin*

Der britische Psychologe R. Meredith Belbin fand in Untersuchungen heraus, dass in besonders erfolgreichen Teams acht verschiedene Rollen besetzt waren:

- **der Teamleiter mit besonderen Stärken bei der Motivation von Mitarbeitern**

- **der Zuarbeiter, der sich durch disziplinierte und harte Arbeit auszeichnet**
  Der Zuarbeiter ist ein Praktiker, der seine Arbeit gerne und gut macht. Tendenziell hängt er an Gewohntem und an klaren Strukturen. Dies kann bei hohem Veränderungsdruck schon mal zum Problem werden.

- **der Ideengeber als kreatives Element**
  Der Ideengeber sorgt für frischen Wind. Er entwickelt zu jedem Anlass neue Vorschläge, die allerdings nicht alle umsetzbar sind. Er braucht Freiräume, Routinearbeiten liegen ihm nicht. Pro-

blem: Kaum ein Team kann sich jemanden leisten, der seine ganze Energie in die Produktion neuer Ansätze steckt.

- **der Ressourcenverwalter, der die Mittel bereitstellt**
  Ohne Ressourcen, angefangen von den notwendigen Informationen über Kontakte bis zu Finanzmitteln, stößt man schnell an Grenzen, können auch die besten Ideen nicht Realität werden.

- **der Gestalter, der Diskussionen und Arbeitsergebnisse strukturiert**
  Der Gestalter nimmt die Dinge in die Hand, packt gerne Aufgaben an, zieht Zögerliche mit sich. Gestalter sind häufig Führungsnaturen. Sie sollten genügend Freiräume erhalten, damit sie ihre Energie ausleben können, ohne mit dem Teamleiter in Konflikt zu geraten.

- **der Beobachter mit stark ausgeprägten analytischen Fähigkeiten**
  Der Analytiker besticht durch sein Wissen und seine Fähigkeit, Dinge logisch zu durchdringen und Argumente gegeneinander abzuwägen. Analytiker sind wichtige Helfer, wenn es um sichere Entscheidungen geht.

- **der Teamarbeiter als integratives Element**
  Es gibt Menschen, denen es Freude macht, Dinge auszuarbeiten, ihre Energie in die Lösung und Umsetzung zu stecken. Kein Team kommt ohne solche Mit-Arbeiter im wahrsten Sinne des Wortes aus.

- **der Qualitätsprüfer mit dem Blick für wichtige Details**
  Teamarbeit ist ergebnisorientiert. Die Resultate müssen eine ausreichende Qualität besitzen – und es muss Kollegen geben, die hierauf achten.

In vielen Teams ist es nicht möglich, solch eine Idealbesetzung zu schaffen. Das liegt daran, dass Teams zu klein sind, dass in der Vergangenheit bei der Zusammenstellung zu wenig auf Persönlichkeitstypen geachtet wurde oder andere Aspekte bei der Stellenbesetzung wichtiger waren. Eine ideale Mischung muss aber auch nicht sein.

Voraussetzung: der passende Rahmen, die richtigen Leute

Die Erfahrung zeigt, dass Lücken in vielen Teams ausgefüllt werden, einzelne Kollegen zwei oder drei Rollen übernehmen, in großen Teams Rollen zum Teil mehrfach besetzt werden. Häufig sind dies verwandte Rollen. Ein Zuarbeiter wird sich kaum als Ideengeber positionieren.

**Checkliste: Rollen im Team erkennen**

| | stimmt | stimmt teilweise | stimmt nicht | |
|---|---|---|---|---|
| An Diskussionen beteilige ich mich gerne. | ☐ | ☐ | ☐ | I |
| Ich beschäftige mich lieber mit Dingen, mit Zahlen, Vorgängen und Abläufen als mit Menschen. | ☐ | ☐ | ☐ | E |
| Ich schließe mich gerne der allgemeinen Meinung an, dann findet man schneller zu einem Ergebnis. | ☐ | ☐ | ☐ | M |
| Wichtig ist mir vor allem mein berufliches Fortkommen. | ☐ | ☐ | ☐ | K |
| Bei der Arbeit sollte es nicht immer so bitterernst zugehen. | ☐ | ☐ | ☐ | C |
| Gruppentreffen müssen für mich kurz und effizient sein. | ☐ | ☐ | ☐ | A |
| Wenn ich eine bestimmte Meinung habe, vertrete ich sie auch mit Nachdruck. | ☐ | ☐ | ☐ | I |
| Die Arbeit wird durch die vielen Gespräche eher behindert als gefördert. | ☐ | ☐ | ☐ | E |
| Mir ist es nicht so wichtig, dass meine Meinung gehört wird. | ☐ | ☐ | ☐ | M |
| Ich erzähle gerne mal einen Witz. | ☐ | ☐ | ☐ | C |
| Bei Diskussionen übernehme ich gerne die Gesprächsführung. | ☐ | ☐ | ☐ | A |
| Es fällt mir leicht, mich auch in großer Runde rege zu beteiligen. | ☐ | ☐ | ☐ | I |

## 4. Rollen finden

| | stimmt | stimmt teilweise | stimmt nicht | |
|---|---|---|---|---|
| Die Arbeit im Team darf nicht dazu führen, dass meine Einzelleistung untergeht. | ☐ | ☐ | ☐ | K |
| An Gruppensitzungen nehme ich eher ungern teil. | ☐ | ☐ | ☐ | E |
| Es gibt bei uns ein, zwei Leute im Team, die eigentlich immer mit ihren Ansichten Recht haben. | ☐ | ☐ | ☐ | M |
| Ich glaube, ich bin wegen meiner Späße im Team sehr beliebt. | ☐ | ☐ | ☐ | C |
| Ich setze mich dafür ein, dass wir bei Besprechungen schnell zu guten Ergebnissen kommen. | ☐ | ☐ | ☐ | A |
| Letztlich will auch in einem Team jeder besser sein als die anderen. | ☐ | ☐ | ☐ | K |
| Ich bin schlagfertig, mir fällt meist die passende Erwiderung ein. | ☐ | ☐ | ☐ | I |
| Die Arbeit selbst ist mir wichtiger als die Zusammenarbeit mit den Kollegen. | ☐ | ☐ | ☐ | E |
| Auseinandersetzungen lohnen sich meist nicht, deshalb versuche ich sie zu vermeiden. | ☐ | ☐ | ☐ | M |
| Der Nachteil von Teamarbeit ist, dass die individuelle Leistung zu wenig sichtbar wird. | ☐ | ☐ | ☐ | K |
| Mir fällt immer irgendeine nette Pointe ein. | ☐ | ☐ | ☐ | C |
| Ich bin schnell bereit, eine Aufgabe zu übernehmen. | ☐ | ☐ | ☐ | A |
| Punkte | 1 | 2 | 3 | |

Bitte zählen Sie für jedes Teammitglied die Punkte bei den einzelnen Buchstaben zusammen. Die Buchstaben mit den meisten Punkten entsprechen den grundlegenden Rollen.

| Buchstabe | I | M | E | C | K | A |
|---|---|---|---|---|---|---|
| Punkte | | | | | | |
| | Meinungsführer | Mitläufer | Einzelgänger | Gruppenclown | Karrierist | Arbeitstier |

## 5. Zusammenraufen ermöglichen

Auch wenn Sie die Mitglieder sehr sorgfältig auswählen (können): Am Anfang läuft die Arbeit meist nicht rund. Die Gruppe muss erst zu einem Team zusammenwachsen, sie muss sich „zusammenraufen".

**Gruppendynamische Prozesse**  Denn wenn Menschen zusammenarbeiten, entwickeln sich Beziehungen zwischen ihnen, die oft nicht ganz unproblematisch sind. Wie solche Beziehungen entstehen und welche Schwierigkeiten dabei auftreten können, mit diesem Thema beschäftigt sich die *Gruppendynamik*. Gruppendynamische Prozesse laufen in jedem Team ab, ja sie sind sogar notwendig, damit ein Teamgeist entstehen und die Zusammenarbeit später reibungslos funktionieren kann.

Solche Vorgänge treten immer dann auf, wenn Gruppen neu zusammengestellt werden. Man findet sie aber auch in Teams, die sich in der Zusammensetzung ändern. Bei diesen Änderungen kommt es allerdings darauf an,

- wie tief greifend sie sind.

**Beispiel**  *Der Teamleiter oder ein Kollege, der eine Machtstellung im Team innehatte, verlässt die Arbeitsgruppe.*

- wie problemlos sich ein neuer Kollege in das Team integriert.

**Beispiel**  *Ein neues Mitglied erkennt die gewachsenen Strukturen nicht an und will sich „nach oben boxen".*

## 5. Zusammenraufen ermöglichen

Gerade zu Beginn sind die Mitglieder viel mit sich selbst beschäftigt. Darunter leidet zunächst die Arbeitsproduktivität. Kennzeichen einer gelungenen Gruppenfindung ist eine merklich zunehmende Produktivität. Der Teambildungsprozess durchläuft unterschiedliche Phasen: von der Orientierung über Konfrontation und Organisation zur Integration.

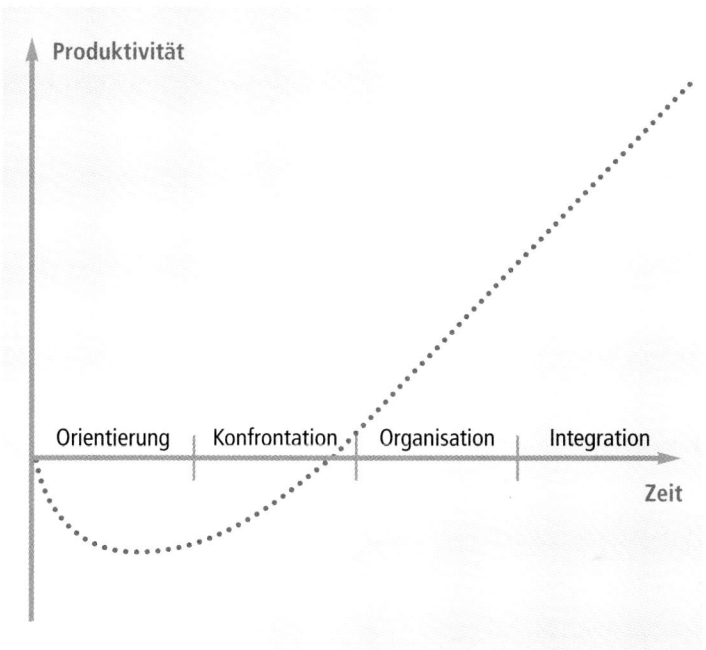

**Die Teambildungsphasen**

### 1. Orientierung

Phase 1

Während der ersten Zeit ist jeder Mitarbeiter mehr oder weniger unsicher. Eine normale Reaktion ist daher, sich auf gewohnte Rollen und Verhaltensweisen zurückzuziehen und erst einmal mit eigenen Äußerungen vorsichtig zu sein. Die Gruppenmitglieder beobachten sich gegenseitig, versuchen, das Umfeld abzutasten und sich ein Bild zu machen. Sie suchen Antworten auf Fragen wie:
- Wie sind die anderen?
- Wie komme ich mit ihnen zurecht?
- Was wird von mir erwartet?

Viele Menschen verhalten sich zunächst eher passiv, andere, die es gewohnt sind, Initiative zu zeigen, übertragen dieses für sie typische Verhalten auf die neue Situation. Die Gruppenmitglieder orientieren sich zu Beginn stark am Gruppenleiter und erwarten von ihm, dass er die Dinge in die Hand nimmt. Wichtig ist daher, gleich am Anfang klare Strukturen zu schaffen und gemeinsam Regeln für die Zusammenarbeit aufzustellen.

**Sicherheit geben**

**Was Sie als Teamleiter tun können**
In der Orientierungsphase ist das größte Problem die Unsicherheit. Deshalb sollten Sie Ihre Erwartungen präzise beschreiben und Raum geben für ein gegenseitiges Kennenlernen. Bei Projektgruppen ist es beispielsweise in vielen Firmen üblich, zu Beginn gemeinsam einige Tage „in Klausur" zu verbringen. Das bietet eine günstige Gelegenheit, Spielregeln für die Arbeit und das Miteinander gemeinsam zu entwickeln – eine gute Starthilfe für ein Team. In dieser Phase können Sie die Kollegen unterstützen, wenn Sie Vorschläge machen, auf die Einhaltung von Regeln achten und lange, unproduktive Diskussionen vermeiden helfen.

**Phase 2**

## 2. Konfrontation
Je besser sich die Mitglieder kennen lernen, desto mehr wagen sie, sich zu öffnen und einzubringen. Nicht immer geht dies reibungslos vonstatten. Denn wer seine Meinung und seine Ideen äußert, muss sich mit anderen Ansichten auseinander setzen, wer sich von seiner angestammten Rolle löst, verliert an Sicherheit und muss sich gegebenenfalls eine neue Rolle suchen. Deshalb ist diese Phase durch Konfrontation, Meinungsverschiedenheiten und Auseinandersetzungen geprägt. Hinter sachlichen Kontroversen verbergen sich oft Probleme auf der Beziehungsebene, nicht selten Kämpfe um Macht, Anerkennung und Rollen.

Entscheidend ist, ob die Mitglieder den Willen haben, sich zusammenzuraufen, ob sie die Kollegen mit ihren Eigenarten akzeptieren können, ob sie gelernt haben, sich mit anderen konstruktiv auseinander zu setzen und vermeintliche Niederlagen einzustecken, oder eben nicht. Erst wenn diese Phase durchlaufen ist, kann die Gruppe versuchen, die Einzelinteressen und das Gruppenziel in Übereinstimmung zu bringen.

## 5. Zusammenraufen ermöglichen

**Was Sie als Teamleiter tun können**     **Konflikte eindämmen**

In der Konfrontationsphase müssen die Auseinandersetzungen irgendwann ein Ende finden. Gelingt es der Gruppe nicht, eine Vertrauensbasis aufzubauen, wird die Zusammenarbeit auch in der Folge von Streitigkeiten und Konflikten geprägt sein. Klare Ziele und Vereinbarungen, Regeln zum Umgang miteinander können hier unfruchtbare Diskussionen eindämmen.

Wichtig ist eine klare Orientierung, die der Teamleiter geben muss:
- Welche Ziele sollen erreicht werden?
- Wie sollen die Ziele erreicht werden?
- Was bedeutet das für die tägliche Arbeitsorganisation?
- Wer ist für was verantwortlich, wer arbeitet mit?

Auseinandersetzungen um die Sache dürfen nicht das Gruppenklima in Mitleidenschaft ziehen. Sobald erkennbar wird, dass Meinungsverschiedenheiten zu persönlichen Konflikten ausarten, bedarf es einer Klärung. Deutlich werden muss, dass unterschiedliche Auffassungen normal sind und es nicht darum geht, wer Recht und wer Unrecht hat. Sollte es tatsächlich zu Konflikten kommen, müssen diese sofort benannt und besprochen werden (siehe Kapitel 20). Hier ist der Teamleiter als Schlichter und Moderator gefragt. Gemeinsame Aktivitäten können ausgleichend wirken und das Zusammengehörigkeitsgefühl stärken.

**Konflikte und Positionskämpfe sind in der Konfrontationsphase normal. Wichtig ist, dass sie geklärt werden und am Ende kein Verlierer übrig bleibt.**

### 3. Organisation     Phase 3

Die Gruppe gibt jetzt eine gewisse Sicherheit, die Mitglieder öffnen sich und beteiligen sich an Gesprächen und Diskussionen. Ein Streben nach Harmonie herrscht vor. Diese Übereinstimmung existiert allerdings erst einmal äußerlich. Oft sieht es im Inneren der Beteiligten ganz anders aus. Aber der Wunsch, eine arbeitsfähige Gruppe zu sein, und die Erleichterung, miteinander zu harmonieren, verdeckt unterschiedliche Meinungen und Standpunkte.

Voraussetzung: der passende Rahmen, die richtigen Leute

In dieser Phase fängt die Gruppe an, sich selbst zu steuern, die Abläufe bei der Meinungsbildung, bei Entscheidungen, bei der Verteilung von Aufgaben zu regeln, die notwendigen Organisationsstrukturen zu schaffen. Typisch für diese Stufe ist, dass innerhalb der Gruppe ein positives Gemeinschaftsgefühl entsteht, sich gemeinsame Regeln und Normen herausbilden und die Arbeit Außenstehender, insbesondere anderer Gruppen, überkritisch betrachtet wird.

**Konformitätsdruck vorbeugen**

**Was Sie als Teamleiter tun können**
In der Organisationsphase lauern zwei Gefahren, denen Sie als Teamleiter begegnen müssen: Erstens kann sich ein übertriebener Drang nach Harmonie einstellen, der Unterschiede in den Auffassungen und kritische Stimmen unter dem Mantel des Teamgeistes verdeckt. Das Team selbst erhält dann bisweilen einen so hohen Stellenwert, dass ein starker Druck auf „Andersdenkende" entsteht, kein Raum für abweichende Gedanken und wache Geister mehr bleibt und Signale, die davon künden, dass nicht immer alles nur eitel Sonnenschein ist, bewusst ignoriert werden. Die Qualität von Teams kann darunter leiden, wenn ein zu hoher Konformitätsdruck entsteht. Zweitens kann sich die Organisatiosphase längere Zeit hinziehen. Dann beschäftigt sich die Gruppe sehr lange hauptsächlich mit sich selbst. Die Leistungsfähigkeit leidet darunter. Fordern Sie die Kollegen bewusst auf, auch abweichende Meinungen zu äußern, regen Sie die Eigeninitiative an.

Ist das Harmoniestreben sehr ausgeprägt, können Sie sich bei (der Suche nach) Entscheidungen anonymer Verfahren wie der Kartenabfrage bedienen. Dann ist jeder gezwungen, seine Meinung kundzutun.

**Phase 4**

**4. Integration**
Erst auf dieser vierten Stufe kommen wieder unterschiedliche Ansätze, Ansichten und Ideen zum Vorschein. Der Grund: Langsam kristallisiert sich eine Arbeitsteilung innerhalb der Gruppe heraus. Die Stärken einzelner Kollegen werden gewinnbringend miteinander kombiniert. Der eine hat gute Vorschläge, der Zweite über-

nimmt vorzugsweise die Organisation von Abläufen, der Dritte sorgt für eine gute Stimmung im Team.

Diese Phase ist ebenfalls konflikttträchtig, vor allem dann, wenn es Auseinandersetzungen um bestimmte Rollen gibt. Besonders bei der Suche nach einem oder mehreren informellen Führern kann es schnell zu Rivalitäten einzelner Mitglieder oder zur Bildung von Untergruppen kommen, die einen bestimmten „Kandidaten" unterstützen. Alle Rollen gewinnen nun an Gestalt: der Außenseiter, der Gruppenclown, der Mitläufer und so weiter. Am Ende steht eine Gruppe, die sich selbst Spielregeln gesetzt, die Normen entwickelt und Rollen verteilt hat.

**Was Sie als Teamleiter tun können**  **Abschottung verhindern**
Beugen Sie Rollenkonflikten und Positionskämpfen vor, indem Sie den Betroffenen gezielt passende Aufgaben übertragen (siehe Kapitel 4 und Kapitel 8) und sie so einbinden. Teams neigen dazu, sich gegenüber der Außenwelt abzuschließen, die eigene Arbeit als besonders positiv zu bewerten und sich Feindbilder zu schaffen, nach dem Motto: Die anderen sind schlecht. Solche Abkoppelungstendenzen lassen sich aus dem gruppendynamischen Prozess gut erklären, ja sie sind sogar ein Indiz für eine gelungene Teambildung. Allerdings ist eine solche Einstellung dann problematisch, wenn der Austausch und die Kooperation mit Personen und Gruppen außerhalb des Teams leidet und zu wenig Impulse von außen die gemeinsame Arbeit befruchten.

---

**Sorgen Sie bei Abkoppelungstendenzen im Team bewusst für Außenkontakte.**

**Positives Gruppengefühl
Zufriedenheit mit den Arbeitsergebnissen**

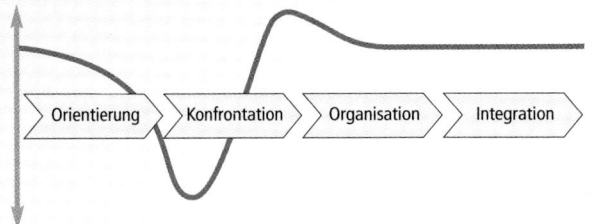 

**Negatives Gruppengefühl
Unzufriedenheit mit den Arbeitsergebnissen**

Die vier Phasen bauen aufeinander auf – allerdings findet man sie nicht immer in Reinform. Vielfach durchdringen sie sich.

Nicht allen Teams gelingt es zudem, sich wirklich zusammenzuraufen. Das Team entwickelt sich in einem solchen Fall nicht weiter. Es kann auf einer Stufe verharren oder auch in eine frühere Phase zurückfallen. Die Mitglieder legen möglicherweise ihre anfänglichen Unsicherheiten nicht ab, die Positionskämpfe innerhalb des Teams nehmen kein Ende oder die Rollenübernahme und -zuweisung misslingt. Wenn die Probleme einer Phase nicht hinreichend gelöst sind, treten sie unter Umständen auf der nächsten Stufe wieder auf.

**Besondere Phase: der Abschied**

**5. Abschied**

Es gibt noch eine fünfte gruppendynamische Phase, die allerdings nur dann zum Tragen kommt, wenn sich ein Team auflöst: den Abschied. Bei gut harmonierenden Teams kann dies eine schwierige Phase sein, die die abschließenden Arbeiten vielleicht sogar lähmt. Deshalb sollten Sie auch dieser Stufe Ihre Beachtung schenken und sie bewusst gestalten. Die Kollegen könnten sich sich etwa auf einem Fest zum Abschluss eines Projekts angemessen und positiv gestimmt voneinander verabschieden.

Eine gelungene Gruppendynamik sollte sowohl zu einem positiven Gruppenklima auf der Beziehungsebene (Wir-Gefühl) als auch zur Ergebnisorientierung auf der Sachebene führen.

## 5. Zusammenraufen ermöglichen

Als Teamleiter können Sie das Zusammenwachsen Ihres Teams aktiv unterstützen. Dabei helfen Ihnen die folgenden Maßnahmen (die die Teammitglieder aktiv einfordern sollten):

**Checkliste: Gruppendynamische Tipps für Teamleiter**

- Geben Sie klare Strukturen und Ziele vor. ☐
- Lassen Sie den Teammitgliedern ausreichend Zeit, sich kennen zu lernen. ☐
- Legen Sie Regeln für den Umgang miteinander fest. ☐
- Stärken Sie das Zusammengehörigkeitsgefühl, versuchen Sie gemeinsam, Ziele zu erreichen, machen Sie gemeinsame Erfolge deutlich. ☐
- Zeigen Sie dem Team, dass es Handlungsfreiräume hat, die es in eigener Verantwortung gestalten kann. Legen Sie aber auch die Grenzen fest. ☐
- Unterdrücken Sie Auseinandersetzungen nicht. Achten Sie aber darauf, dass Konflikte nicht ausufern. Ganz wichtig: Es darf bei Auseinandersetzungen keine Gewinner und Verlierer geben. ☐
- Versuchen Sie bei langwierigen Sachdiskussionen herauszufinden, ob hier nicht Streitereien auf einer persönlichen Ebene ausgefochten werden. ☐
- Nehmen Sie in den ersten Teamsitzungen das Heft in die Hand. Viele Mitglieder erwarten in dieser Phase, dass Sie als Teamleiter besonders aktiv werden. ☐
- Nach einiger Zeit neigen viele Teams dazu, sich von der Außenwelt abzunabeln und sich hauptsächlich mit sich selbst zu beschäftigen. Darunter kann die Leistungsfähigkeit erheblich leiden. Sorgen Sie gegebenenfalls gezielt für Außenkontakte. ☐

Geben Sie Ihren Teammitgliedern ein gutes Vorbild in
- Ihrem Engagement, ☐
- Ihrer Motivation, ☐
- der Art des Umgangs mit anderen, ☐
- Ihrem Kommunikationsverhalten und ☐
- Ihrer Teamfähigkeit. ☐

# Bedingung: gute Kooperation

Ein gutes Miteinander ist das Fundament für erfolgreiche Teamarbeit. Kein Team kann funktionieren, ohne dass die einzelnen Kollegen die gemeinsame Aufgabe und die gemeinsamen Interessen als zentral anerkennen und in der Zusammenarbeit Vorteile für sich sehen.

Eine tragfähige Kooperation wiederum hängt von einigen Bedingungen ab: Wenn klare Regeln für den Umgang miteinander fehlen, wenn die Gruppe nicht auf übereinstimmende Ziele hinarbeitet, wenn es bei der Aufgabenverteilung, der Information und Kommunikation zu Reibungsverlusten kommt, ist der Teamerfolg gefährdet.

## 6. Spielregeln festlegen

Jedes Team braucht Normen und Regeln dafür, wie man die Arbeit organisiert und miteinander umgeht.

**Formelle und informelle Normen**  Es gibt offizielle Normen, zum Beispiel feststehende Besprechungstermine *(formelle Normen)*, und solche, die nur innerhalb der Gruppe bekannt sind *(informelle Normen)*, etwa Formen der Anrede oder des Diskussionsablaufs, aber auch die Art und Weise, über andere „herzuziehen", oder „running gags", Dinge, über die man gerne lacht.

## 6. Spielregeln festlegen

Zudem setzt sich das Team selbst Spielregeln, die einerseits den Rahmen für die Zusammenarbeit schaffen und andererseits die Arbeitserledigung unterstützen. Solche Regeln sind eine wichtige Hilfe, gerade in der Anfangsphase der gemeinsamen Tätigkeit und im Teambildungsprozess. Dabei werden gemeinsam erarbeitete Regeln vom Team leichter akzeptiert als ein „von oben" diktiertes Regelwerk. An der Aufstellung interner Spielregeln sollten sich daher alle beteiligen.

Nachfolgende Bereiche bedürfen einer grundlegenden Abstimmung: **Regelungsbedürftige Bereiche**
- Wie sollen Ziele gesctzt und angegangen werden?
- Wie wird die Arbeit organisiert, wie werden Zuständigkeiten verteilt?
- Wie kann der Informationsfluss funktionieren?
- Wie lässt sich eine gute Kommunikation sicherstellen?
- Wie werden Entscheidungen getroffen?

Mit diesen Fragen beschäftigen sich die nächsten Kapitel.

In der unten stehenden Checkliste finden Sie wichtige Grundregeln, die Sie für Ihre Gruppe individuell erweitern können.

|  |  | o. k. |
|---|---|---|
| Regel 1: | Jedes Mitglied ist für die Aufgabenerledigung, die Arbeitsergebnisse und die Zusammenarbeit im Team mitverantwortlich. | ☐ |
| Regel 2: | Probleme auf der Beziehungsebene müssen immer mit höchster Priorität gelöst werden. Sie haben Vorrang vor Sachthemen. | ☐ |
| Regel 3: | Jeder hat das Recht, Fragen und Probleme vorzutragen und gehört zu werden. | ☐ |
| Regel 4: | Wichtige Entscheidungen, die die Sachaufgaben und die Zusammenarbeit betreffen, werden gemeinsam gefällt. | ☐ |
| Regel 5: | Der Teamleiter – und nur der Teamleiter – hat das Recht, Mitglieder mit einer „gelben Karte" zu verwarnen. | ☐ |

**Checkliste: Fünf wichtige Regeln für die Teamarbeit**

Bedingung: gute Kooperation

## 7. Zielorientiert arbeiten

Teamarbeit bedeutet selbst gesteuertes Arbeiten. Allerdings muss auch dieses eine Richtung haben. Ziele geben eine Richtung vor, stecken den Rahmen ab für die Aufgabenerledigung, die Prioritätensetzung und die Zusammenarbeit. Auch bei Entscheidungen helfen sie weiter.

**Ziele im Team vereinbaren**

Zielorientierung meint nicht Sollvorgaben durch den Teamleiter, sondern Vereinbarung von Zielen innerhalb der Gruppe. Das Team muss sich mit der angestrebten Richtung identifizieren, die Kollegen sollten verstehen, warum welche Ziele für die Arbeit nötig sind.

Mit Zielvereinbarungen steuern Sie die Arbeit und sichern den Erfolg. Jeder weiß dann, wer welche Aufgaben hat und bis wann welche Ergebnisse vorliegen sollen. Denken Sie an das geflügelte Wort: *„Wer nicht weiß, wohin er will, darf sich auch nicht wundern, wo er ankommt."*

Was ebenso wichtig ist: Wenn alle Teammitglieder gemeinsame Ziele anerkennen, werden sie sich stärker mit ihren Aufgaben identifizieren und sich motiviert und eigenverantwortlich für deren Erledigung einsetzen. Zur Zielvereinbarung gehört selbstverständlich die systematische Rückmeldung des Erreichten.

**Klare Zielvereinbarungen sind eine wichtige Motivationshilfe, die sich direkt auf die Leistung auswirkt.**

**Mängel bei der Zielsetzung**

In der Praxis wird dieses wichtige Steuerungsinstrument nicht immer so angewandt, wie dies notwendig und wünschenswert wäre.

Typische Mängel bei der Zielfindung sind:
- Ziele werden dem Team aufgedrückt.
- Sinn und Nutzen von Zielen werden nicht erläutert.
- Ziele sind zu schwammig, zu nebulös formuliert.

- Verschiedene Ziele widersprechen sich.
- Dem Team fehlen die Kompetenzen, Handlungsspielräume und Befugnisse, die notwendig sind, um die Ziele zu erreichen.
- Bei Schwierigkeiten erhält das Team zu wenig Unterstützung.

**Zielsetzung**

Überprüfen Sie, ob es bereits Zielvereinbarungen für Ihr Team gibt. Ist dies der Fall, besprechen Sie diese Ziele mit den Kollegen und überlegen Sie gemeinsam,
- bis wann welche Ziele
- in welcher Form und auf welche Weise
- von wem

umgesetzt werden sollen.

Dies kann im Rahmen einer Besprechung geschehen. Nehmen Sie sich dafür in jedem Fall genügend Zeit, weil es die Basis der gemeinsamen Arbeit betrifft.

Existieren noch keine (klaren) Ziele, müssen Sie sie aus den Zielen Ihrer Organisation oder Ihres Fachbereichs ableiten. Am besten holen Sie als Teamleiter Ihre Kollegen zu einem *Zielworkshop* zusammen. Planen Sie hierfür mindestens einen halben Tag ein. Sie können dann folgendermaßen verfahren: **Zielworkshop veranstalten**
1. Stellen Sie die Ziele der Organisation vor.
2. Verdeutlichen Sie den besonderen Auftrag Ihres Arbeitsbereichs.
3. Bitten Sie Ihre Kollegen um Ideen, wie die Organisationsziele in Bereichs- oder Projektziele heruntergebrochen werden können.
4. Besprechen Sie die Zielvorstellungen.
5. Erarbeiten Sie gemeinsam Maßnahmenbündel, wie diese Ziele zu erreichen sind.
6. Überlegen Sie, wie Sie die Maßnahmen umsetzen können.

Übrigens muss für die Moderation dieses Workshops nicht zwingend der Teamleiter verantwortlich sein. Dies kann ein Teammitarbeiter übernehmen, der sich durch gute Sozialkompetenz auszeichnet.

Bedingung: gute Kooperation

Arbeiten Sie im Zielworkshop mit Moderationstechniken. Sie helfen Ihnen, sich auf die Sachebene zu konzentrieren und effektiv zu Ergebnissen zu kommen.

**Zielprüfung**
Ziele müssen bestimmte Anforderungen erfüllen, um Akzeptanz zu finden und umsetzbar zu sein:

Zielbedingungen beachten

- **Verschiedene Ziele sollten im Einklang miteinander stehen.**
Ein Team kann nur Ziele erreichen, die den übergeordneten Organisationszielen nicht widersprechen. Auch die einzelnen Mitglieder sollten keine den Gruppenzielen entgegenlaufenden Interessen verfolgen. Das gilt genauso für den Teamleiter. Und schließlich müssen die Teammitglieder an einem Strang ziehen, ihre Ziele sollen nicht konkurrieren.

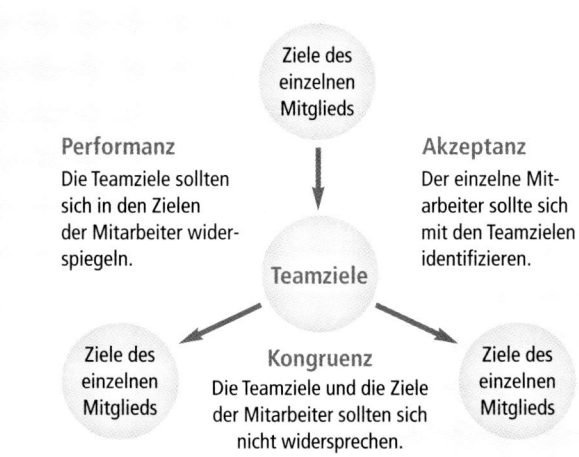

- **Ziele müssen präzise sein.**
Ziele sollten so formuliert werden, dass man tatsächlich überprüfen kann, ob sie erreicht worden sind.
Beispiel: *„Jede Kundenanfrage soll innerhalb eines Werktags beantwortet werden."*

## 7. Zielorientiert arbeiten

- **Ziele müssen realistisch sein.**
  Was nützt ein Ziel, wenn es nicht umgesetzt werden kann? Deshalb sollten das Leistungsvermögen der Mitarbeiter und die Rahmenbedingungen bei der Zielvereinbarung beachtet werden.
  Beispiel: *„Die Produktivität ist innerhalb eines halben Jahres um 200 Prozent zu erhöhen."*

- **Ziele müssen überschaubar sein.**
  Besser Sie beschränken sich auf wenige, wesentliche Ziele, als wenn Sie ein Feuerwerk an Zielen anstreben, die sich in der Fülle gar nicht erreichen lassen. Vier, fünf wichtige Ziele sind günstiger als ein ganzer Zielkanon.

- **Ziele sind positiv zu formulieren.**
  Ziele sollen anspornen. Das ist mit negativen Formulierungen nur schwer zu erreichen, weil hier immer ein Defizit unterstellt wird.
  Beispiel: *„Die Abteilung soll nicht mehr so große Rückstände aufbauen."*

- **Ziele sind zu terminieren.**
  Wer Ziele setzt, muss auch sagen, bis wann sie erreicht sein sollen. Einen Termin müssen Sie für Ziele stets festlegen, bei langfristigen und wichtigen Zielen gegebenenfalls auch Zwischentermine mit Teilergebnissen. Parallele Ziele müssen Prioritäten erhalten.

- **Ziele sollen motivieren.**
  Ziele sollen einen Anreiz, eine Herausforderung bieten. Sie dürfen deshalb weder „im Vorbeigehen" erreichbar sein noch eine Überforderung darstellen.

| | | |
|---|---|---|
| *Hintergrund* | Bei der Computerhotline einer Firma ist es in der letzten Zeit häufiger vorgekommen, dass Anfragen von Nutzern vergessen wurden. Außerdem kam es zu Doppelarbeit, weil die Lösung von Anwenderproblemen immer wieder recherchiert werden musste, da die Ergebnisse nicht dokumentiert wurden. | **Beispiel einer Zielvereinbarung** |

Bedingung: gute Kooperation

| | |
|---|---|
| | *Deshalb soll ein Computersystem eingeführt werden, um die Anfragen der Nutzer besser verwalten und schneller beantworten zu können.* |
| *Teamziel* | *Eine Arbeitsgruppe soll eine Marktübersicht über geeignete Ticketsysteme erstellen, ein Anforderungsprofil entwerfen, Firmen zur Präsentation laden und die Entscheidung vorbereiten.* |
| *Übergeordnetes Ziel* | *Erhöhung der Effizienz der IT-Hotline* |
| *Maßnahmen* | *Teilnahme an einer Schulung zum Thema IT-Ticketsysteme* |
| *Unterstützung* | *Teamleiter stellt den Kontakt zu anderen Firmen her, die bereits ein Ticketsystem haben.* |
| *Fristen* | *Besprechung der Marktübersicht und des Anforderungsprofils am 15. 7. Entscheidung über Anschaffung bis 30. 11.* |
| *Erfolgskriterium* | *Anschaffung eines den Anforderungen des Hauses entsprechenden Ticketsystems bis 15. 12. des Jahres; Aufnahme des Probebetriebs am 2. 1. des nächsten Jahres* |

Eine letzte, wichtige Voraussetzung für Zielvereinbarungen ist die Bereitschaft und die Möglichkeit, den einzelnen Teammitgliedern die notwendigen Handlungs- und Gestaltungsspielräume zu sichern, damit sie selbstverantwortlich an Zielen arbeiten können.

## Zielkontrolle

In regelmäßigen Abständen sollten Sie in Ihrem Team den Stand der Zielerreichung ermitteln. Am besten geschieht dies wieder im Rahmen einer Besprechung. Klären Sie gemeinsam mit den Kollegen:

**Stand der Zielerreichung verfolgen**

- Welche Ziele wurden erreicht?
- Was hat die Zielerreichung gefördert?
- Welche Ziele konnten nicht erreicht werden?
- Worin lagen die Gründe?
- Wie lassen sich diese Hemmnisse aus dem Weg räumen?
- Gibt es unerreichbare Ziele, die aufgegeben werden sollten?
- Wo gab es Zielveränderungen?
- Worin lagen die Gründe?

# 7. Zielorientiert arbeiten

Aus der Analyse heraus können Sie dann neue Ziele entwickeln und gemeinsam überlegen:
- Welche Ziele bleiben für die nächsten Monate bestehen?
- Wo müssen bestehende Ziele verändert werden?
- Welche Ziele kommen neu hinzu?
- Welche Ziele haben welche Priorität?

Sind Ziele nicht erreicht worden, besteht die Gefahr, dass sich das Team darüber zerstreitet, wo die Ursachen liegen, und Schuldzuweisungen die Runde machen. Dies blockiert die weitere Arbeit. Sinnvoller ist es, wenn sich alle Beteiligten sachlich darüber verständigen, welche Gründe zum Scheitern geführt haben können.

**Gründe für Zielverfehlungen analysieren**

**Nehmen Sie Zielverfehlungen zum Anlass, Fehler und Qualitätsmängel aufzuspüren.**

Warum wurde das Ziel nicht erreicht?

**Checkliste: Ziele überprüfen**

|  | Ja |
|---|---|
| War das Ziel vielleicht in der verfügbaren Zeit gar nicht zu erreichen? | ☐ |
| Fehlten die notwendigen Kompetenzen und Mittel? | ☐ |
| Fehlte Unterstützung? | ☐ |
| Mangelte es den Mitarbeitern an Wissen und Fähigkeiten? | ☐ |
| Lag es an ungünstigen Rahmenbedingungen? | ☐ |

Das Ergebnis der Analyse von Zielverfehlungen sollte sich in neuen Zielen niederschlagen, etwa:

|  | sinnvoll |
|---|---|
| Aufsplittung in Teilziele | ☐ |
| Veränderung des Zeitansatzes | ☐ |
| Übertragung von zusätzlichen Kompetenzen | ☐ |
| Durchführung von Qualifizierungsmaßnahmen | ☐ |
| Veränderung von Rahmenbedingungen | ☐ |

## 8. Zuständigkeiten schaffen

Ein großes Plus bei der Teamarbeit ist die Möglichkeit, vom isolierten Arbeiten an Detailaufgaben wegzukommen und sich gemeinsam mit größeren Vorhaben zu beschäftigen. Ihre Gruppe wird allerdings nur dann ein gutes Ergebnis erzielen, wenn die Arbeitsverteilung stimmt. Die Aufgaben müssen zu den Mitarbeitern passen und sollten folgende Bedingungen erfüllen, um motivierend zu sein:

**Aufgaben, die motivieren**

- Sie sind abwechslungsreich.
  Im Team lässt sich die Verteilung anfallender Arbeiten flexibel managen.
- Sie führen zu einem erkennbaren Ergebnis, einem Erfolg.
  Das geht nur, wenn das einzelne Teammitglied seinen Beitrag am Ganzen erkennt und gewürdigt sieht.
- Sie fordern den Beschäftigten, ohne ihn zu überfordern.
- Der Mitarbeiter kann selbstständig an seinen Aufgaben arbeiten.

Das grundlegende Prinzip bei der Arbeitsorganisation im Team ist das der *Delegation*. Sinnvolle Delegation hat viele Vorteile:

**Vorteile systematischen Delegierens**

- Delegation nutzt die Fachkenntnisse und Erfahrungen aller Teammitglieder.
- Delegation fördert und entwickelt Fähigkeiten, Initiative, Selbstständigkeit und Kompetenz der Mitarbeiter.
- Delegation wirkt sich oft positiv auf die Leistungsmotivation und Arbeitszufriedenheit der Angestellten aus.

**Verantwortung teilen**

Delegation ist *nicht* das Abschieben von unangenehmen Aufgaben auf andere. Es geht nicht darum, andere auszunutzen und selbst möglichst gut dabei wegzukommen. Das würde dem Teamgedanken widersprechen. Delegation heißt Teilung – Teilung von Arbeit und Verantwortung. Delegation bedeutet also, einen Teil der Arbeit abzugeben – entweder weil man nicht die Zeit hat, alles zu erledigen, oder weil ein anderer es besser machen kann. Mit der Abgabe von Arbeit geben Sie auch Verantwortung ab. Sie trauen dem anderen zu, diese Aufgabe richtig und gut zu erledigen. Also hängt Delegation auch eng mit Vertrauen zusammen.

## 8. Zuständigkeiten schaffen

Delegation heißt ebenfalls Teilung von Erfolg. Es geht nicht, dass Einzelne die Lorbeeren einstecken für die Leistung anderer, Tadel aber schnell weitergeben. Delegieren ist in der Teamarbeit keine Einbahnstraße von oben nach unten, wie dies in hierarchischen Organisationen häufig der Fall ist. Es geht vielmehr darum, wer eine Aufgabe am besten erledigen kann.

*Erfolg teilen*

Jeder hat Stärken und Schwächen. Mit dem Instrument der Delegation haben Sie eine gute Hilfe, Stärken auszubauen und Schwächen zu verringern. Damit können sie als Teamleiter auch gezielt Ihre Mitarbeiter fördern (siehe Kapitel 24).

### Aufgaben zuordnen
Nicht alle Arbeiten lassen sich ohne weiteres delegieren. Folgende Aufgaben eignen sich vor allem dazu:

- **Aufgaben für Spezialisten**
  In jedem Team gibt es Experten für „besondere" Fälle. Sie sollten entsprechende Aufgaben erhalten.
- **Zusatzaufgaben**
  Sicherlich fallen auch in Ihrem Bereich immer wieder Aufgaben an, die noch zusätzlich erledigt werden sollen: Mitarbeit an Projekten, Organisation von Treffen, Gespräch mit einem Vertreter u. a. Auch solche Arbeiten lassen sich vielfach delegieren.
- **Persönliche Vorlieben**
  Manche Aufgaben machen Sie vielleicht ungern, Ihr Kollege freut sich aber darüber. Beispiele könnten etwa sein: Leitung eines Workshops, Betreuung eines Gastes, Vorbereitung einer Tagung. Hier bietet sich Delegation geradezu an.

*Gut delegierbare Aufgaben*

Nicht jede Aufgabe eignet sich für jeden Kollegen. Die Auswahl des richtigen Teammitglieds ist natürlich entscheidend für den Erfolg der Delegation. Überlegen Sie möglichst gemeinsam, wer aus Ihrem Team welche Aufgabe am besten erledigen kann:
- Wer ist geeignet, diese Tätigkeit auszuüben?
- Wer soll bei der Ausführung mitwirken?
- Für wen stellt die Aufgabe eine Herausforderung dar?
- Welche Kontrollen sind nötig?

*Aufgaben und Mitarbeiter zusammenbringen*

## Bedingung: gute Kooperation

Delegieren Sie möglichst ganzheitliche Aufgaben. Je umfassender der Auftrag, je größer die Verantwortung, desto wahrscheinlicher wird sich der Mitarbeiter mit der Arbeit identifizieren.

**Auf gerechte Verteilung achten**

Alle Aufgaben werden nach Arbeitsauslastung und Befähigung verteilt, Unterforderung sollten Sie ebenso vermeiden wie Überforderung. Die Mitarbeiter erhalten Aufgaben, an denen sie sich messen und ihr Können zeigen können, ebenso wie notwendige Routineaufgaben. Sie haben sicherlich in Ihrem Team Kollegen, die sehr motiviert sind und gerne bereitwillig Arbeit übernehmen. Das darf aber nicht dazu führen, dass andere Mitglieder oder der Teamleiter diese engagierten Mitarbeiter mit Aufgaben überhäufen. Wer zu viel arbeitet, arbeitet zusehends schlechter und verliert letztlich die Lust an der Arbeit. Achten Sie als Teamleiter auch darauf, dass nicht immer dieselben Kollegen die ungeliebten Tätigkeiten ausführen müssen.

### Klare Aufträge vergeben

Voraussetzung für den Erfolg der Delegation ist ein präziser Arbeitsauftrag. Klären Sie in einer Besprechung mit den betroffenen Mitarbeitern folgende Fragen:

| | |
|---|---|
| **Was?** | Ziele und Aufgabe definieren |
| | Aufgabe genau erklären |
| **Warum?** | Notwendigkeit, Bedeutung der Aufgabe herausstellen |
| **Wie?** | Erwartungen genau beschreiben |
| | Arbeitsmittel und Befugnisse zur Verfügung stellen |
| **Wann?** | Plan erstellen |
| | Fristen vereinbaren |

Natürlich spielt hier die Erfahrung des Kollegen eine Rolle. Einem erfahrenen Mitarbeiter wird bei Aufgaben, die er in ähnlicher Form schon durchgeführt hat, ein knapper Auftrag genügen, während es bei unerfahrenen Teammitgliedern und schwierigen Aufträgen näherer Erläuterungen bedarf:

## 8. Zuständigkeiten schaffen

**Vorgehen**
- Wie soll bei der Ausführung vorgegangen werden?
- Welche Verfahren sollen angewendet werden?
- Welche Vorschriften und Richtlinien sind zu beachten?
- Welche Stellen/Referate sind zu informieren oder einzubeziehen?

**Hilfsmittel**
- Welche Hilfsmittel sollen eingesetzt werden?
- Womit muss der Mitarbeiter ausgerüstet sein?
- Welche Unterlagen benötigt er?

Ist der Auftrag umfangreich, empfiehlt es sich, Zwischenziele und Teilaufgaben zu definieren und gemeinsam mit dem Mitarbeiter einen Plan für die Umsetzung zu erarbeiten. In Teamsitzungen können dann die Ergebnisse einzelner Arbeitsbereiche besprochen werden.

Vergessen Sie als Teamleiter die Motivation nicht (siehe Kapitel 13). Ihr Mitarbeiter sollte wissen, warum die Aufgabe wichtig ist:
- Welchem Zweck dient die Tätigkeit?
- In welchem Zusammenhang steht die Aufgabe?
- Warum ist sie für das Team, für den Arbeitsbereich wichtig?
- Welche Bedeutung hat sie für den Mitarbeiter, den Kollegen selbst?
- Was passiert, wenn die Arbeit nicht oder unvollständig ausgeführt wird?

*Motivation durch Sinngebung*

Die Delegation wird nur dann gelingen, wenn Sie nicht nur die Arbeit, sondern auch die notwendigen Kompetenzen zur Verfügung stellen:
- Welche Informationen benötigt der Mitarbeiter, um die Aufgabe erfüllen zu können?
- Woher bekommt er diese Informationen?
- Welche Arbeitsmittel benötigt er?
- Müssen ihm Weisungsbefugnisse zugewiesen werden?
- Benötigt er Finanzmittel?
- Sollen andere Mitarbeiter ihn bei seiner Aufgabe unterstützen?

*Kompetenzen erteilen*

### Auf korrekte Ausführung achten
Nicht immer klappt Delegation so, wie es sein sollte. Hier einige Hinweise, was Sie als Teamleiter tun können:

## Bedingung: gute Kooperation

**1. Vereinbaren Sie Zwischenergebnisse**
Delegation ist Vertrauenssache. Wenn es nötig ist – aber nur dann –, sollten Sie Zwischenkontrollen absprechen. Dies ist besonders wichtig bei langwierigen und schwierigen Aufträgen. Legen Sie gemeinsam fest:
- Wann soll mit der Tätigkeit begonnen werden?
- Wann soll die Arbeit abgeschlossen sein?
- Welche Zwischentermine sind einzuhalten?
- Wann soll der Mitarbeiter das Team oder den Teamleiter über den Fortschritt der Arbeit informieren?

Halten Sie die Vereinbarung schriftlich fest.

**2. Lassen Sie Rückdelegation nicht zu**
Sie werden immer wieder auf Kollegen und Mitarbeiter treffen, die aus Bequemlichkeit, Unvermögen oder anderen Gründen versuchen, den Auftrag wieder zurückzugeben. Lassen Sie dies weder als Teamleiter noch als Gruppe zu. Nehmen Sie einen solchen Wunsch zum Anlass, den Delegationsauftrag und die Schwierigkeiten des Mitarbeiters gemeinsam durchzusprechen und eine Lösung zu finden, die das Teammitglied nicht aus seiner Verantwortung entlässt. Ein solches Problemgespräch sollte in vertraulicher Atmosphäre zwischen Teamleiter und Mitarbeiter, allenfalls unter Beteiligung direkt Betroffener stattfinden und möglichst nicht im großen Kreis. Erst aufgrund einer Problemanalyse können gemeinsam Schritte vereinbart werden, um die Arbeiten dennoch möglichst fristgerecht fertig zu stellen.

**3. Achten Sie auf die Persönlichkeit einzelner Mitarbeiter**
Probleme können sich manchmal aus den Charakteren der Mitarbeiter selbst ergeben. Denken Sie nur an die Endzeitarbeiter, die immer zu spät anfangen und dann versuchen, in letzter Minute doch noch zum Ergebnis zu kommen. Auch hier helfen Zwischentermine. Voraussetzung ist allerdings, dass Sie diese Termine ernst nehmen.

**4. Nehmen Sie dem Teammitglied nicht die Aufgabe ab**
Auch wenn Schwierigkeiten bei der Ausführung auftauchen, vermeiden Sie, dem Mitarbeiter den Auftrag wieder zu entziehen. Erstens ist dies sicherlich der Motivation abträglich, zweitens

## 8. Zuständigkeiten schaffen

könnte der Betroffene bei einer negativen Arbeitshaltung daraus den falschen Schluss ziehen: Wer sich blöd anstellt, braucht hier nicht zu arbeiten.

Jedes Teammitglied sollte einen übernommenen Auftrag zu Ende führen, vielleicht mit Unterstützung des Teamleiters, vielleicht mit der Hilfe anderer. Eventuell ist es auch nötig, kleinere Arbeitsschritte zu vereinbaren.

Auch richtig zu delegieren muss man lernen. Berücksichtigen Sie in Ihrem Team zukünftig folgende Punkte:

**Checkliste: Richtig delegieren**

| | o. k. |
|---|---|
| Fragen Sie bei Aufgaben immer, wer sie am besten erledigen kann, unabhängig von der Hierarchie. | ☐ |
| Überprüfen Sie alle Ihre Aufgaben, ob sie sich nicht zur Delegation eignen. | ☐ |
| Nutzen Sie Delegation als Mittel der Mitarbeiterförderung. | ☐ |
| Überlegen Sie, wer von seinen Vorkenntnissen und seiner Erfahrung her für die Aufgabe geeignet ist. | ☐ |
| Geben Sie beim Delegieren klare Arbeitsaufträge, erläutern Sie, was in welcher Form bis wann erledigt werden soll. | ☐ |
| Stellen Sie die nötigen Informationen, Arbeitsmittel, Finanzmittel und Befugnisse zur Verfügung. | ☐ |
| Planen Sie bei umfänglichen Aufträgen Zwischenziele, Zwischenergebnisse und Zwischenkontrollen ein. | ☐ |
| Lassen Sie das Teammitglied in Ruhe an der Aufgabe arbeiten. | ☐ |
| Führen Sie ein Auswertungsgespräch. | ☐ |
| Analysieren Sie bei Problemen zusammen mit dem Betroffenen die Ursachen. | ☐ |
| Beziehen Sie auch den Auftrag und die Rahmenbedingungen als mögliche Fehlerursachen mit ein. | ☐ |
| Lassen Sie keine Rückdelegation zu. | ☐ |

Bedingung: gute Kooperation

## 9. Für ausreichende Informationen sorgen

Die Bedeutung guter Information wird leicht unterschätzt. In vielen Arbeitseinheiten werden Informationen nur unvollständig, verfälscht oder zu spät weitergegeben. Wie oft haben Sie schon den Satz gehört „Mir sagt ja keiner was"?

**Folgen mangelhafter Information**

Manchmal werden Informationen sogar bewusst zurückgehalten. Oft mit dem Ziel, so genanntes Herrschaftswissen zu schaffen, getreu dem Sprichwort: „Wissen ist Macht." Aber: Je besser ein Team über die Ziele, die Aufgaben, das Umfeld informiert ist, desto effektiver kann es arbeiten. Wer keinen Zugang zu Informationen hat, fühlt sich übergangen und unterlegen. Fehlende oder unzureichende Information fördert eine Kommunikationsform, die ihre Tücken hat: Tratsch und Gerüchte. Dies wiederum kann bei Mitarbeitern zu Frustration, mangelnder Identifikation und Demotivation führen.

Gute Zusammenarbeit im Team bedeutet deshalb auch gutes Informieren aller durch alle. Systematische Informationsweitergabe sollte eine Selbstverständlichkeit sein. Jeder Mitarbeiter kann seinen Beitrag zu einer guten Informationskultur leisten.

**Fünf Vorteile guter Information**
1. Die Kollegen fühlen sich ernst genommen.
2. Die Teammitglieder können den Stellenwert ihrer Arbeit besser einschätzen.
3. Niemand ist auf dubiose Nachrichtenquellen angewiesen.
4. Die Mitarbeiter sind in der Lage, selbstständig und verantwortungsbewusst zu arbeiten.
5. Sie können schneller und besser Problemlösungen entwickeln.

**Transparenz im Informationsalltag schaffen**

Wie gut ist der Informationsfluss in Ihrem Team? Dies ist eine der Kernfragen effektiver Gruppenarbeit. Ein guter Informationsfluss zeichnet sich durch folgende Merkmale aus:
- Es gibt verschiedenste Informationsmöglichkeiten.
- Alle wichtigen Informationen sind für alle Mitarbeiter zugänglich.
- Teamtreffen werden systematisch genutzt, um Informationen weiterzugeben.

## Basics für die Informationsweitergabe

Jedes Teammitglied soll jederzeit die Informationen bekommen, die es für die ordnungsgemäße Erledigung seiner Aufgaben braucht. Auf einige Punkte sollten Sie bei der Weitergabe von Informationen besonders achten – gleichgültig, welche Position Sie im Team einnehmen:

1. **Sorgen Sie für vollständige Information**
   Geben Sie alle wichtigen Informationen weiter. Diese sollten so vollständig sein, dass keine Informationslücken entstehen. Ansonsten kann es passieren, dass sich Ihre Kollegen ihren Teil denken oder andere, wahrscheinlich weniger seriöse Quellen suchen.
2. **Achten Sie auf Kontinuität**
   Informieren Sie regelmäßig. Horten Sie keine Informationen. Denn das kann schnell dazu führen, dass die Kollegen angesichts der Fülle an Informationen, die Sie am Stück weitergeben, den Faden und die Lust verlieren.
3. **Wählen Sie den richtigen Zeitpunkt**
   Viele Nachrichten verlieren an Wert, wenn sie zu lange zurückgehalten werden. Auf der anderen Seite kann man auch zu früh informieren, etwa wenn noch keine ausreichende Datengrundlage besteht und man selbst zu wenig gesicherte Informationen hat.
4. **Seien Sie nicht wortkarg**
   Zum richtigen Informieren gehört auch, dass Sie nicht nur Fakten weitergeben, sondern diese erläutern. Zusätzliche Erklärungen unterstützen das Verständnis. In der Fachsprache heißt dies *Redundanz*. Das bedeutet aber nicht, dass Sie sich über jede Kleinigkeit weitschweifig auslassen sollen.
5. **Finden Sie den richtigen Ton**
   Meist wollen Ihre Kollegen und Mitarbeiter sachlich informiert werden. Bei Themen, die Emotionen erzeugen, beispielsweise Veränderungen wie die Zusammenlegung von Referaten, der Weggang eines Kollegen, ein Wechsel in der Leitung und anderen brisanten Informationen, sollten Sie aber nicht zu sachlich sein. Versetzen Sie sich in die Gemütslage Ihres Gegenübers, gehen Sie darauf ein. Verkaufen Sie anderen auf keinen Fall mit großem Enthusiasmus Veränderungen, die für sie negative Folgen haben.

6. **Schneiden Sie Informationen auf den Wissensbedarf zu**
   Bevor Sie informieren, sollten Sie nach dem Informationsbedürfnis fragen. Ersparen Sie Ihren Teamkollegen und Mitarbeitern, sich zum dritten oder vierten Mal dieselben Ausführungen anhören zu müssen. Überflüssige Informationen kosten unnötig Zeit.
7. **Filtern Sie Informationen nach dem Empfänger**
   Nicht jeder will und braucht dieselben Informationen. Deshalb müssen Sie filtern: Wer benötigt was? Machen Sie dem anderen durch Ihr Verhalten deutlich: Er bekommt alle Informationen, die für ihn nötig sind. Und auf Nachfrage: Er erhält alle Informationen, die er möchte. Informationen, die Sie weitergeben, sind Angebote. Reichen sie dem anderen nicht, sollte er willens sein, Informationslücken selbstständig zu füllen.
8. **Achten Sie auf den richtigen Vermittler der Information**
   Grundsätzlich sollten die Personen Informationen weitergeben, die am besten über das Thema Bescheid wissen und die Nachricht selbst erhalten haben. Das ist die Regel. Die Ausnahme bilden alle Meldungen von größerer Tragweite. Je sensibler Informationen sind, desto eher ist der Vorgesetzte in der Pflicht, im Team also der Teamleiter.

### Richtig informieren

- möglichst objektiv und wahr
- aufs Wesentliche beschränkt
- kontinuierlich
- vollständig
- verständlich
- rechtzeitig

### Relevante Themen

Es gibt Themen, die in engem Zusammenhang mit der Arbeit stehen und bei denen alle im Team ein großes Interesse und ein Recht auf umfassende und genaue Information haben. Hier ist eine ausgeprägte Transparenz notwendig. Betrachten Sie Ihre Mitarbeiter und Kollegen als Strategiepartner, die ebenso wie Sie für gute Ergebnisse und eine gute Zusammenarbeit verantwortlich sind. Voraussetzung dafür ist, dass sie dieselben Informationen besitzen wie Sie.

## 9. Für ausreichende Informationen sorgen

Informieren Sie Ihre Teamkollegen regelmäßig und ausführlich über folgende Themen:

**Themen von hohem Informationswert**

- **Ziele**
  Ziele und Strategien bilden den Rahmen der Arbeit im Team. Wenn die Gruppe nicht weiß, wo es hingeht und worauf es ankommt, wird sie die gesteckten Ziele nicht erreichen können.
- **Aufgaben, Arbeitsergebnisse**
  Jeder im Team muss wissen, was er tun soll, welche Erwartungen an die Qualität und Quantität seiner Arbeit gestellt werden, auf welche Ressourcen er zurückgreifen kann, welche Kompetenzen und Verpflichtungen er hat.
- **Kennzahlen**
  Wo stehen wir? Was haben wir erreicht? Wo liegen wir über, wo unter den Vorgaben und Absprachen? Solche Informationen sind als Steuerungshilfe wichtig. Das Team benötigt Feedback darüber, was es gut gemacht hat, wo es noch besser werden kann oder muss.
- **Zusammenarbeit**
  Über die Güte der Zusammenarbeit gibt es häufig wenig Austausch. Da der Sacherfolg aber zum guten Teil an der Qualität der Kooperation hängt, ist es wichtig, hier systematisch Informationen zu sammeln. Nutzen Sie beispielsweise Teamstandsanalysen, Mitarbeiterbefragungen, Vorgesetztenfeedback und andere Daten. Die so gewonnenen Informationen sollten vollständig weitergegeben werden. Das Team kann auf dieser Grundlage Verbesserungsvorschläge diskutieren.
- **Veränderungen**
  Über Veränderungen, sei es im Team selbst (Beförderung, Weggang von Mitarbeitern, neue Kollegen, neue Verantwortlichkeiten), sei es in der Gesamtorganisation (Maßnahmen zur Organisations- und Personalentwicklung, Kooperationen, Zusammenlegungen u. a.), müssen Sie präzise, zeitnah und ausführlich genug berichten. Der Grund ist einfach. Dies sind die typischen Felder für Gerüchte.

### Richtigen Informationsweg wählen

Es kommt nicht nur darauf an, dass wichtige Informationen jeden Mitarbeiter im Team erreichen, sondern auch darauf, auf welchem Weg dies geschieht. Einen Kollegen auf dem Flur nebenbei über das

Scheitern eines wichtigen Projektes zu informieren ist ebenso unangemessen wie extra eine Besprechung einzuberufen, um gemeinsam zu überlegen, was man einem Mitarbeiter zum Geburtstag schenkt.

**Mündliche versus schriftliche Information**

Für die Übermittlung von Informationen haben Sie grundsätzlich zwei Möglichkeiten:

die **schriftliche Variante**, z. B.:
- Umlauf
- Aushang
- Rundschreiben
- E-Mail

die **mündliche Variante**, z. B.:
- Versammlung
- Besprechung
- Telefongespräch
- Zweiergespräch

**Vor- und Nachteile der Informationskanäle**

Beide Wege haben Vor- und Nachteile und damit sind sie für bestimmte Situationen besser oder schlechter geeignet.

Ein Problem mit einem schwierigen Kollegen wird man in aller Regel nicht auf schriftlichem Weg lösen können, eine Information, auf die alle im Team immer wieder zurückgreifen müssen, wird man nicht mündlich weitergeben und dabei auf das gute Gedächtnis der Mitarbeiter hoffen. Manche Informationen sind so wichtig, dass sie erst mündlich angekündigt, dann schriftlich nachgereicht werden sollten. Mündliche Informationen sind generell schneller und direkter und lassen Feedback zu, bergen aber die Gefahr von Verfälschungen. Schriftliche Nachrichten sind belegbar, wiederholbar und haben einen verbindlichen Charakter. Allerdings fehlt hier die direkte Rückmeldung und der Aufwand ist höher.

Wie Sie Informationen weitergeben, werden Sie daher anhand bestimmter Faktoren entscheiden:
- Wie schnell müssen welche Kollegen und Mitarbeiter erreicht werden?
- Wie „offiziell" und wie verbindlich soll die Information sein?
- Muss auf die Information zu einem späteren Zeitpunkt noch einmal zurückgegriffen werden?

## 9. Für ausreichende Informationen sorgen

Vorteil einer *Besprechung* ist, dass Sie alle Mitarbeiter gleichzeitig informieren können. Allerdings mit einer entsprechenden Vorlaufzeit und nur die, die nicht wegen Krankheit oder Urlaub abwesend sind. Jemanden am *Telefon* zu informieren geht schnell. Man erreicht so aber nur Einzelpersonen und es können leicht Missverständnisse aufkommen. *Aushang* und *Rundschreiben* eignen sich für Nachrichten, die an alle gerichtet sind. Beim Aushang ist aber nicht sichergestellt, dass ihn alle lesen. *E-Mail* ist ein sehr schnelles Medium, wenn wirklich alle in ihr Postfach sehen. Ein *Zweiergespräch* ist bei vertraulichen Informationen und bei der Behandlung von Problemen der beste Weg.

**Der situativ passende Informationsweg**

### Besprechungen systematisch nutzen

Besprechungen erfüllen eine wichtige Funktion bei der Organisation der Teamarbeit. Information, Austausch, Entscheidungsfindung, Problemlösung – all dies sollte in der Gruppe stattfinden, um Missverständnisse und Reibungsverluste zu vermeiden. Besprechung ist jedoch nicht gleich Besprechung. Man unterscheidet zwei verschiedene Grundformen:

- **Routinebesprechungen**
  Sie sind bekannt als *Jour fixe*, Dienstbesprechung oder Teambesprechung und dienen vor allem zur gegenseitigen Information und zur Vorbereitung von Entscheidungen. Routinebesprechungen sollten kurz sein und gezielt konkrete Punkte behandeln. Keineswegs dürfen einzelne Teammitglieder sie zur Selbstdarstellung missbrauchen oder der Teamleiter hier seine Macht demonstrieren. Wie und wann Sie Routinebesprechungen durchführen, ist nachrangig. Eine solche Besprechung kann alle zwei Wochen eine große Runde sein, aber auch jeden Tag nach der Mittagspause ein Kaffeestündchen in lockerer Atmosphäre. Wichtig ist, dass Sie einen regelmäßigen Besprechungsrhythmus festlegen und einhalten.

- **Besprechungen bei Bedarf**
  Diese Treffen sind notwendig, wenn es ein Problem zu lösen gilt oder eine wichtige Entscheidung zu fällen ist.
  Solche Runden sollten dann angesetzt werden, wenn Bedarf besteht, denn der organisatorische Aufwand ist meist hoch.

Unabdingbar sind sie, wenn Fragen und Probleme nicht auf andere Art und Weise einfacher geklärt, Informationen nicht in anderer Form weitergegeben werden können.

**Den richtigen Rhythmus finden**

Setzen Sie Besprechungen nur an, wenn es wirklich etwas zu besprechen gibt. Andernfalls haben die Kollegen das Gefühl, ihre Zeit zu verschwenden, was der Motivation erheblich schadet. Der richtige Turnus für Jour-fixe-Runden kann einmal im Monat, einmal in der Woche oder auch jeden Tag sein. Die entscheidende Frage ist: Wie intensiv muss der Informationsaustausch sein? Bisweilen sind informelle Treffen ohne offiziellen Charakter effektiver, weil die Atmosphäre lockerer ist und die Mitarbeiter eher aus sich herausgehen. Kleine Teams können sich beispielsweise regelmäßig morgens zu einer ersten Tasse Kaffee zusammenfinden.

Stellen Sie den Besprechungsrhythmus ab und an auf den Prüfstand. Es kann gut sein, dass bei anstehenden Veränderungen, großen Projekten oder anderen außergewöhnlichen Situationen häufigere Treffen sinnvoll sind.

**Typische Wochenbesprechungen**

In vielen Fällen dürfte ein festgelegter Termin pro Woche günstig sein. Als gute Besprechungstage haben sich Montag und Freitag erwiesen. Beide Termine haben Vorteile:
- In *Montagsrunden* lassen sich im Team gut die anstehenden Termine und Aufgaben durchsprechen. Sie können Informationen weitergeben, die für die Bewältigung der Arbeiten notwendig sind, und schnell auf Besonderheiten wie den Ausfall von Mitarbeitern reagieren. Günstig ist der späte Vormittag, weil sich dann alle bereits einen ersten Überblick über den Arbeitsanfall verschaffen konnten.
- Bei *Freitagsbesprechungen* können Sie Ablauf und Ergebnisse der Woche Revue passieren lassen, Manöverkritik üben und eine Vorschau auf die nächste Woche geben. Solche Besprechungen sollten Sie auf die Zeit nach der Mittagspause legen. Erfahrungsgemäß laufen diese Treffen dann besonders diszipliniert ab, weil keiner Zeit von seinem Wochenende opfern will.

## 9. Für ausreichende Informationen sorgen

Wochenbesprechungen haben eine feste Struktur – je nachdem, ob Vor- oder Rückschau im Blickpunkt stehen. Im Großen und Ganzen lässt sich dieser Ablauf auf Monatsbesprechungen übertragen.

**Rückschau:**
- Was war wichtig in der letzten Woche?
- Welche Aufgaben sind erledigt?
- Welche müssen noch bearbeitet werden?
- Wo gab es Probleme?
- Wie soll zukünftig mit solchen Problemen umgegangen werden?

*Ablauf einer Wochenbesprechung (Beispiel Montagsbesprechung)*

**Vorschau:**
- Welche Termine stehen diese Woche an?
- Wie müssen sie vorbereitet werden?
- Welche Aufgaben müssen erledigt werden?
- Wer soll dies übernehmen?
- Wer unterstützt, wer hilft?
- Bis wann sollen welche Ergebnisse vorliegen?
- Was ist für die nächsten Wochen wichtig?

**Feedback:**
- Was ist noch unklar?
- Wer sieht welche Probleme?
- Was muss noch geregelt werden?

Achten Sie in Besprechungen darauf, dass die Redeanteile einigermaßen gleich verteilt sind. Immer wieder kann man beobachten, dass Meinungsführer und Personen mit höherem Status häufig und lange reden.

### Aus Teammitgliedern Informationsträger machen

Lange Zeit war das Hauptproblem jeder Arbeitsgemeinschaft der Zugang zu Informationen. Mittlerweile hat sich das grundlegend geändert: E-Mails, Weblogs, Newsletter und andere Segnungen der IT-Welt brechen heute sturzflutartig über alle Mitarbeiter herein, sodass es entscheidend darauf ankommt, diese Vielzahl an Nachrichten zu kanalisieren.

Bedingung: gute Kooperation

**Experten benennen** — Von zentraler Bedeutung ist die richtige Auswahl der Information, die Filterung. Dies ist eine Aufgabe für Fachleute, denn sie können am besten beurteilen, welcher Nachricht welche Bedeutung zukommt. Die logische Folge: Ein Team sollte für verschiedene Sachgebiete Experten nominieren, die sich um themenspezifische Informationen kümmern, diese archivieren und aufbereitet für alle zur Verfügung stellen, etwa in einem speziellen Laufwerk im Intranet.

**Daten müssen gepflegt werden. Bestimmen Sie im Team jemanden, der sich um die Struktur, die Aktualität und den Nutzwert der Informationen in Ihrem Info-Laufwerk kümmert.**

**Wissen weitergeben** — Jedes Teammitglied ist aufgerufen, neu erworbenes Wissen, das für andere von Interesse sein könnte, weiterzugeben (siehe Kapitel 3 und 24). Auch hierzu eignen sich Besprechungen. Ein üblicher Tagesordnungspunkt aller Routinebesprechungen sollten Kurzberichte über Erfahrungen und Erkenntnisse sein, die die Mitarbeiter von Kongressen, Tagungen, aus Seminaren oder anderen Besprechungen mitbringen. Auch schriftliche Quellen können Anlass zu einem Kurzbericht sein: aktuelle Fachbücher, Erfahrungsberichte, Recherchen im Internet.

### Für Informationsdisziplin sorgen

Täglich stürmen neue Informationen auf jeden von uns ein: Berichte, Memos, Briefe, Mails. Und mancher Mitarbeiter tut hier des Guten zu viel, indem er alles weitergibt, was ihn erreicht. Volle Umlaufmappen und zig E-Mails jeden Tag sind die Folge. Hinter dem Wunsch, viele über vieles zu informieren, stecken verschiedene Ursachen:

**Gründe für unüberlegte Information**
- die Befürchtung, schlecht dazustehen, wenn man vielleicht einmal eine wichtige Information weiterzugeben vergisst,
- das Bedürfnis nach Absicherung, indem man die anderen zu Mitwissern macht,
- Unsicherheit, weil man nicht weiß, was man mit einer bestimmten Information anfangen soll, sich nicht traut, sie wegzuwerfen,

## 9. Für ausreichende Informationen sorgen

Faulheit, weil es manchmal einfacher ist, eine Information „auf die Reise" zu schicken, als über die richtige Ablage nachzudenken.

Viele überflüssige Informationen senken die Produktivität. Immer mehr Zeit muss für Lesen und Aussortieren von unnötigen Nachrichten aufgebracht werden. Legen Sie deshalb in Ihrem Team klare Regeln für die Weitergabe von Informationen fest:
- Wer braucht welche Informationen?
- Welche Informationen werden von welchem Mitarbeiter gesammelt und für andere verfügbar gemacht?
- Welche Meldungen können gleich in den Papierkorb wandern?
- Lassen sich Standards festlegen, zum Beispiel maximal eine DIN-A4-Seite für das Festhalten und Weitergeben von Nachrichten?

**Ein Teammitglied könnte eine Formatvorlage für Standard-Informationsblätter erstellen.**

**Checkliste: Informationsmanagement im Team**

| | o. k. |
|---|---|
| Das zentrale Thema Informationsaustausch gehört immer wieder auf die Tagesordnung von Teambesprechungen. | ☐ |
| Sorgen Sie dafür, dass alle Ihre Kollegen jederzeit auf die Informationen zugreifen können, die sie für ihre Arbeit benötigen. | ☐ |
| Beugen Sie durch eine gute Informationspolitik Gerüchten und Tratsch vor. | ☐ |
| Achten Sie auf den richtigen Informationsweg. | ☐ |
| Überfrachten Sie Ihre Kollegen nicht mit unnötigen Informationen. | ☐ |
| Informieren Sie umfassend genug. | ☐ |
| Achten Sie auf das Informationsbedürfnis der einzelnen Mitarbeiter. | ☐ |
| Informieren Sie sachlich und verständlich. | ☐ |
| Geben Sie wichtige Informationen auch schriftlich weiter. | ☐ |
| Vermeiden Sie Missverständnisse durch exakte Information. | ☐ |
| Machen Sie aus Ihren Kollegen Informationsträger. | ☐ |
| Sorgen Sie für Informationsdisziplin. | ☐ |

## 10. Kommunikation sicherstellen

**Kommunikation: alltäglich, aber schwierig**

Ein Team ist nur leistungsfähig, wenn alle Mitglieder reibungslos miteinander kommunizieren. Aber eine ausreichende Kommunikation ist auch bei gutem Willen der Beteiligten nicht selbstverständlich. Und das, obwohl Kommunizieren für jeden von uns etwas ganz Natürliches und Alltägliches darstellt. Wer denkt schon ständig darüber nach, wie er sich anderen gegenüber verhält? Doch gerade weil es sich um etwas Alltägliches handelt, bildet eine gute Kommunikationsfähigkeit die Grundlage für jegliche Zusammenarbeit. Deshalb lohnt es sich, einmal genauer hinzusehen, wie viele Probleme, Missverständnisse, Frustrationen Tag für Tag zu Auseinandersetzungen im Team, ja sogar zu Konflikten führen. Sie kennen aus Ihren Gesprächen den typischen Satz „Das habe ich so nie gesagt".

Warum gibt es immer wieder Kommunikationsprobleme und Missverständnisse, obwohl sich doch die meisten Menschen Mühe geben, mit anderen gut zurechtzukommen?

**Kommunikationsproblem Hemmungen**

Hemmnisse in der Kommunikation können bereits dann entstehen, wenn einzelne Teammitglieder sich zurückhalten, weil sie
- sich als wenig redegewandt einschätzen,
- glauben, nicht Nennenswertes beitragen zu können,
- erlebt haben, dass sie wiederholt angegriffen wurden, wenn sie ihre Meinung vertreten haben,
- meist ohnehin überstimmt werden,
- erfahren haben, dass denjenigen, die sich aktiv einbringen, anschließend gerne die Arbeit zugeschoben wird.

Solche Defizite sollten alle Teamkollegen erkennen und bei Bedarf ihre Beobachtungen thematisieren, um gegenzusteuern. Denn wenn Mitarbeiter sich zurückziehen, ergibt sich ein falsches Gruppenbild. Es dominieren dann die Meinungen weniger, durchsetzungsstarker Kollegen. Das kann zu Fehlentscheidungen führen.

### Missverständnisse vermeiden

Missverständnisse sind in Gesprächen an der Tagesordnung. Sie möglichst gar nicht erst entstehen zu lassen oder zumindest schnell wieder aus dem Weg zu räumen, muss Ziel jedes guten Teams sein.

## 10. Kommunikation sicherstellen

Wie aber entstehen Missverständnisse? Ein wesentlicher Grund ist, dass Mitteilungen sehr unterschiedlich interpretiert werden können. Es besteht immer ein Unterschied zwischen dem, was beim Empfänger ankommen sollte, und dem, was er versteht. Schon das, was der Sender sagen will, unterscheidet sich von dem, was er tatsächlich in Worte kleidet. Viele Äußerungen werden schlicht anders verstanden, als der Sprecher sie gemeint hat. Je emotionaler ein Thema besetzt ist, desto wahrscheinlicher sind Unterschiede in der Wahrnehmung. Deshalb ist der Satz „Sie haben mich falsch verstanden" meist nicht korrekt, vielmehr müsste es heißen „Sie haben mich wahrscheinlich anders verstanden, als ich es gemeint habe".

**Differenzen zwischen Sender und Empfänger**

Hier liegt eines der Hauptprobleme bei der Nachrichtenvermittlung: Informationsverlust und Informationsverfälschung entstehen auf dem Weg vom Sender zum Empfänger.

**Informationsverlust einer Meldung**

**Informationsverlust und -verfälschung**

Zu diesen Abweichungen kommt es, weil der Empfänger eine Nachricht sehr persönlich interpretiert, vielleicht unsicher ist, wie er reagieren soll, aber auch, weil der Sender sich unpräzise ausdrückt, nach den richtigen Worten sucht – oder aufgrund von Problemen beim akustischen Verstehen, etwa wegen einer lauten Geräuschkulisse oder (zu) leisem Sprechen.

Bedingung: gute Kooperation

Mit dem folgenden Test können Sie ermitteln, wie gut Sie im Team kommunizieren.

| Kommunikations-test | nie | gele-gentlich | häufig | immer | Punkte |
|---|---|---|---|---|---|
| | 1 | 2 | 3 | 4 | |
| Wir rechnen in Gesprächen mit persönlichen Sichtweisen der Partners. | ☐ | ☐ | ☐ | ☐ | ———— |
| Wir äußern klar und deutlich, was wir von anderen möchten. | ☐ | ☐ | ☐ | ☐ | ———— |
| Aufforderungen und Wünsche von anderen, die wir nicht erfüllen möchten, lehnen wir deutlich ab. | ☐ | ☐ | ☐ | ☐ | ———— |
| Wir achten sorgfältig darauf, dass Aussagen und Körpersprache zueinander passen. | ☐ | ☐ | ☐ | ☐ | ———— |
| Wir sprechen jemanden direkt an, wenn wir etwas von ihm wollen. | ☐ | ☐ | ☐ | ☐ | ———— |
| Wir achten bei schwierigen Gesprächen bewusst auf die emotionale Ebene. | ☐ | ☐ | ☐ | ☐ | ———— |
| Wenn uns Reaktionen der Gesprächspartner irritieren, fragen wir sofort nach. | ☐ | ☐ | ☐ | ☐ | ———— |
| Wenn Missverständnisse auftauchen, klären wir sie schnell. | ☐ | ☐ | ☐ | ☐ | ———— |

**Auswertung:** Zählen Sie Ihre Punkte zusammen und vergleichen Sie Ihr Ergebnis.

**Bis 10 Punkte**
Missverständnisse gehören für Sie einfach zur Kommunikation dazu. Das muss aber nicht so sein. Arbeiten Sie diesen Beitrag durch, um Missverständnisse zu reduzieren und Informationen gezielt zu transportieren.

# 10. Kommunikation sicherstellen

**11 bis 25 Punkte**
Sie wissen, dass Missverständnisse nicht zwangsläufig entstehen müssen. In diesem Beitrag werden Sie viele Hinweise finden, wie Sie die Interpretation Ihrer Nachrichten besser steuern können.

**Über 25 Punkte**
Herzlichen Glückwunsch! Sie wissen, wie Sie viele Missverständnisse vermeiden können. Mit den Tipps aus diesem Beitrag können Sie aber dafür sorgen, dass Ihre Gesprächpartner Ihre Nachrichten noch leichter verstehen.

## Interpretation erleichtern
Sie haben zwar keinen direkten Einfluss darauf, wie Ihr Gegenüber eine Botschaft interpretiert, aber Sie können Ihrem Gesprächspartner die korrekte Interpretation Ihrer Nachricht erleichtern.

**Regel 1: Formulieren Sie Wünsche und Aufforderungen eindeutig** — *Regeln für klare Kommunikation*
Viele Menschen äußern Wünsche und Aufforderungen sehr diffus, um nicht unhöflich zu wirken – zum Beispiel: „Jemand müsste mal wieder Kaffee kaufen", oder noch allgemeiner: „Es ist kein Kaffee mehr da." Ob solche Nachrichten den gewünschten Effekt erzielen, hängt dann ausschließlich von der Interpretation des Empfängers ab. Reden Sie deshalb nicht um „den heißen Brei herum", sondern sagen Sie klar und deutlich, was Sie wollen und wer es erledigen soll. Senden Sie möglichst eine Ich-Botschaft und sprechen Sie Ihr Gegenüber mit Namen an.
**Statt:** *„Jemand müsste sich um neuen Kaffee kümmern …"*
**Besser:** *„Herr Limping, ich schlage vor, dass Sie neuen Kaffee kaufen."*

**Regel 2: Lehnen Sie deutlich ab, was Sie nicht wollen**
Auch Ablehnungen werden häufig sehr unklar ausgedrückt, um den anderen nicht vor den Kopf zu stoßen. Formulierungen wie „Eigentlich habe ich dafür ja keine Zeit …" lassen Ihrem Gegenüber aber wieder viel Spielraum für eigene Interpretationen. Sagen Sie deshalb deutlich „Nein", wenn Ihnen etwas nicht gefällt oder wenn Sie etwas nicht wollen.

### Regel 3: Kommunizieren Sie Gefühle über Ich-Botschaften

Kleiden Sie Ihr eigenes Empfinden nicht in allgemeine Aussagen, sondern teilen Sie mit, wie Sie etwas wahrnehmen. Wenn Sie sich zum Beispiel über einen Mitarbeiter oder Kollegen geärgert haben, sagen Sie es ihm – freundlich und höflich.
**Statt:** *„Sie sind schon wieder zu spät."*
**Besser:** *„Ich ärgere mich, weil Sie schon wieder zu spät kommen."*

### Regel 4: Berücksichtigen Sie die Beziehungsebene

Je besser sich Gesprächspartner kennen, desto weniger Missverständnisse kommen im Allgemeinen zwischen ihnen vor. Das liegt einfach daran, dass das Gegenüber weiß, wie es eine Aussage des anderen einordnen muss. Umgekehrt bedeutet das aber auch: Wenn Sie Ihren Gesprächspartner gar nicht oder nicht besonders gut kennen, vermeiden Sie alles, was anders interpretiert werden könnte, als Sie es beabsichtigen. Das gilt vor allem für ironische Bemerkungen. Sie sind besonders gefährlich, weil der Empfänger selbst entscheiden muss: War das jetzt ernst gemeint?

### Regel 5: Orientieren Sie sich am Wissensstand Ihres Gegenübers

Was für den einen eindeutig ist, versteht ein anderer möglicherweise überhaupt nicht. Achten Sie deshalb darauf, mit wem Sie reden, und passen Sie sich dem Vorwissen Ihres Gesprächspartners an.

### Regel 6: Reden Sie verständlich

Verzichten Sie auf Bandwurmsätze oder Behördendeutsch. Verwenden Sie kurze und einfache Sätze und machen Sie Pausen. Denken Sie daran: Die meisten Menschen können sich nicht mehr als sieben Informationen gleichzeitig merken. Schnellredner produzieren häufig Missverständnisse.

### Regel 7: Benutzen Sie Beispiele und Vergleiche

Abstrakte Aussagen, die eine Interpretation erfordern, werden oft sehr viel klarer, wenn Sie ein Beispiel oder einen Vergleich geben.
**Statt:** *„Das Gelände ist 10 Hektar groß."*
**Besser:** *„Das Gelände ist damit so groß wie 13 Fußballfelder."*

## 10. Kommunikation sicherstellen

Beispiele und Vergleiche müssen aber nachvollziehbar sein. Wenn jemand keine Vorstellung von der Größe eines Fußballfeldes hat, nützt der Vergleich wenig.

**Kommunikationsproblem Vorerfahrung**
Auch wenn Sie Informationen möglichst eindeutig transportieren und dem Empfänger die Interpretation erleichtern, indem Sie die erwähnten Regeln anwenden, werden Sie Missverständnisse nie ganz vermeiden können. Der Grund ist einfach: Jeder Mensch hat *Vorerfahrungen* und auch *Vorurteile*, die seine Wahrnehmung individuell prägen. Das führt dazu, dass Mitteilungen immer vom Empfänger „bearbeitet" werden:
- Er wählt gezielt bestimmte Informationen aus, die er persönlich für wichtig hält.
- Er ignoriert Nachrichten, denen er keine Bedeutung beimisst.
- Er füllt vermeintliche Informationslücken mit eigenen Interpretationen. Er „denkt sich seinen Teil".
- Er gewichtet Botschaften nach der Bedeutung, die sie für ihn persönlich haben.

Eine Interpretation Ihrer Nachrichten aufgrund von Vorerfahrungen werden Sie nicht verhindern können. Es gibt aber ein gutes Mittel, hieraus folgenden Missverständnisseen zu begegnen: Beobachten Sie Ihr Gegenüber. Die nachstehenden fünf Signale können ein Hinweis sein, dass Ihr Gesprächspartner Sie nicht richtig verstanden hat: **Den Empfänger beobachten**
- Kratzen am Kopf,
- nachdenkliche Äußerungen wie „Mmmmmhh …",
- Stirnrunzeln,
- fragende Blicke,
- irritierter Gesichtsausdruck.

Fragen Sie sofort nach, ob alle Informationen angekommen sind, wenn Ihr Gegenüber derartig reagiert. Nur in den seltensten Fällen wird ein Kollege oder Mitarbeiter Ihnen sagen: „Tut mir Leid, ich habe Sie jetzt nicht verstanden." Diese Äußerung wird häufig als Dummheit oder fehlende Sachkenntnis empfunden – besonders in Gesprächen mit Vorgesetzten. Werden Sie deshalb selbst aktiv, wenn Sie den Eindruck haben, etwas sei unklar geblieben. **Nachfragen**

Bedingung: gute Kooperation

Bei wichtigen Teambesprechungen sollte ein Protokoll selbstverständlich sein, das alle Mitglieder mit der ausdrücklichen Bitte um Stellungnahme erhalten, um Missverständnissen vorzubeugen.

**Checkliste: Missverständnisse vermeiden**

o. k.
- Äußern Sie Wünsche und Aufforderungen eindeutig. ☐
- Lehnen Sie klar und deutlich ab, wenn Sie etwas nicht wollen. ☐
- Vermeiden Sie schwammige Formulierungen. ☐
- Äußern Sie Ich-Botschaften. ☐
- Berücksichtigen Sie die Beziehungsebene. ☐
- Orientieren Sie sich am Wissensstand Ihres Gegenübers. ☐
- Sprechen Sie verständlich. ☐
- Benutzen Sie Beispiele und Vergleiche. ☐

# 11. Entscheidungen treffen

Entscheidungen im Team sind immer dann sinnvoll und wichtig, wenn die Mitarbeiter von deren Auswirkungen unmittelbar betroffen sind. Entscheidungen gemeinsam in der Gruppe zu erarbeiten, ist zudem oft von Vorteil:

**Vorteile von Teamentscheidungen**
- Durch den breiteren Erfahrungsschatz sind solche Entscheidungen meist präziser.
- Die Mitarbeiter identifizieren sich besser mit Ergebnissen, die sie mit herbeiführen konnten.
- Mit gebündeltem Sachverstand lassen sich auch komplexe Problemstellungen entscheiden.

Der wesentliche Nachteil besteht darin, dass Teamentscheidungen meistens längere Zeit in Anspruch nehmen.

Wie sieht es bei Ihnen mit der Entscheidungsfindung im Team aus? Nutzen Sie diese Form? Gehen Sie dabei richtig vor? Machen Sie den Test.

## 11. Entscheidungen treffen

**Wie funktioniert Ihre Entscheidungsfindung?**

| | nie | gelegentlich | häufig | immer |
|---|---|---|---|---|
| | 1 | 2 | 3 | 4 |
| Wir rechnen in Gesprächen mit persönlichen Sichtweisen der Partners. | ☐ | ☐ | ☐ | ☐ |
| Bei allen Problemen, die das Team betreffen, suchen wir gemeinsam nach Lösungen. | ☐ | ☐ | ☐ | ☐ |
| Allen Mitgliedern ist klar, dass die Lösung von Problemen der Sacharbeit und Zusammenarbeit für sie von Bedeutung ist. | ☐ | ☐ | ☐ | ☐ |
| Wir entwickeln für die Problemsituation Ziele, um die Umsetzung besser bewerten zu können. | ☐ | ☐ | ☐ | ☐ |
| Wir achten auf eine genaue Definition des Problems. | ☐ | ☐ | ☐ | ☐ |
| Wir haben stets alle Informationen, die wir zur Entscheidungsfindung benötigen. | ☐ | ☐ | ☐ | ☐ |
| Bei der Suche nach Ideen greifen wir auf Kreativitätstechniken zurück. | ☐ | ☐ | ☐ | ☐ |
| Wir trennen bei der Lösungssuche die Suche selbst von der Bewertung der Vorschläge. | ☐ | ☐ | ☐ | ☐ |
| Wir achten darauf, dass alle Teammitglieder Entscheidungen mittragen. | ☐ | ☐ | ☐ | ☐ |
| An der Problemlösung beteiligen sich alle. | ☐ | ☐ | ☐ | ☐ |
| Für die Umsetzung entwickeln wir Maßnahmenpläne. | ☐ | ☐ | ☐ | ☐ |
| Wir kontrollieren den Stand der Umsetzung in regelmäßigen Abständen. | ☐ | ☐ | ☐ | ☐ |

Bedingung: gute Kooperation

**Auswertung:** **Bis 20 Punkte**
Sie könnten im Team zu besseren Entscheidungen kommen. Nutzen Sie die Chancen, die sich Ihnen durch ein systematisches Vorgehen eröffnen.

**21 bis 30 Punkte**
Sie kennen und nutzen die Techniken und Prinzipien, die zu profunden Entscheidungen im Team beitragen. Sicherlich gibt es aber für Sie noch Möglichkeiten, sich hier zu verbessern.

**Über 30 Punkte**
Sie wissen, wie man systematisch Lösungen im Team findet. Vielleicht können auch Sie noch das eine oder andere verbessern. Lesen Sie nach.

(Fast) jede Entscheidungsfindung zur Problemlösung im Team läuft nach einem bestimmten Schema ab, unabhängig davon, wie weitreichend die Entscheidung oder wie schwierig das Problem ist.

**Systematische Entscheidungsfindung im Team**

**Die Situation analysieren/
das Problem definieren**

**Für eine gute Entscheidungsgrundlage sorgen/
Informationen einholen**

**Lösungsvorschläge erarbeiten**

**Die beste Lösung heraussuchen**

**Die Lösung umsetzen**

### Entscheidungsvoraussetzungen
Gute Entscheidungen im Team sind nur dann möglich, wenn Sie auf folgende Voraussetzungen achten:

*Absicherung durch umfassende Erfahrung*

- Die unterschiedlichen Erfahrungen und Ansichten der Teammitglieder kommen zum Tragen. Der große Vorteil von Team-

entscheidungen und dadurch bedingt deren Überlegenheit gegenüber Einzelentscheidungen liegt gerade darin, dass das Know-how mehrerer Personen einfließt. Das setzt aber voraus, dass sich wirklich alle Mitarbeiter an der Entscheidung beteiligen (können).
- Die Erfahrungen und das Wissen der einzelnen Mitglieder werden verknüpft. Wenn alle Mitarbeiter ihre Gedanken einbringen und die verschiedenen Ideen miteinander verbunden werden, kommen die besten Lösungen zustande.
- Alle wesentlichen Entscheidungen fallen im Konsens. Entscheidungen, die die Arbeit und das Miteinander betreffen, sollten keine Gewinner und Verlierer hinterlassen. Achten Sie auf diesen Punkt besonders dann, wenn Fragen der Arbeitsorganisation und der Zusammenarbeit entschieden werden. — **Akzeptanz durch Konsens**
- Alle Kollegen identifizieren sich mit der Lösung. Gute Lösungen sind solche, die von allen akzeptiert und von allen getragen werden. Ist dies nicht der Fall, erfolgt die Umsetzung möglicherweise nur halbherzig.

## Problem definieren

Je genauer das Problem bestimmt wird, desto systematischer kann ein Team an seiner Lösung arbeiten. Es lassen sich zwei verschiedene Problemsituationen unterscheiden:
- Im Mittelpunkt steht eine *Sachlösung*. Dann gilt es, die Lösung mit den meisten Vorteilen und den wenigsten Nachteilen zu finden.
- Es geht um eine *Meinungsentscheidung*. Hier gibt es nicht unbedingt *die* beste Lösung, sondern lediglich die am ehesten akzeptierte Lösung. Die Mehrheit der Mitarbeiter muss sich auf eine Entscheidung festlegen. Das wichtigste Prinzip bei Meinungsentscheidungen: Sie sollten nicht zu einer *Gewinner-Verlierer-Situation* führen.

Bei Sachproblemen ist es wichtig, dass Sie die Situation umfassend beschreiben. Versuchen Sie das Thema aus verschiedenen Blickwinkeln heraus zu betrachten: — **Sachliche Problembeschreibung**
- Welche Bedeutung hat das Problem für die Organisation/das Team?

## Bedingung: gute Kooperation

- Welche Auswirkungen hat es auf die Leistungsfähigkeit der Mitarbeiter und auf die Zusammenarbeit?
- In welcher Weise sind Kunden oder andere Abteilungen betroffen?

Wollen Sie gemeinsam ein Problem lösen, beachten Sie bitte:
- Beschreiben Sie das Problem möglichst sachlich und neutral.
- Vermeiden Sie Vorwürfe und Schuldzuweisungen. Nur so lässt sich verhindern, dass Mitarbeiter sich angegriffen fühlen und in der Folge in eine Verteidigungshaltung flüchten oder sich schmollend zurückziehen. Beides stört den Prozess der Entscheidungsfindung.

**Beispiel**

*Elisabeth Grüntjens, Gruppenleiterin im Servicecenter eines Dienstleistungsunternehmens, greift das Thema „Beschwerden wegen zu langer Bearbeitungszeiten" in einer Teamsitzung auf:*
*„Sie wissen, wir haben im Moment mit einer Flut von Reklamationen zu kämpfen. Hinzu kommt, dass Herr Schneider und Frau Procker längere Zeit wegen Krankheit ausfallen. Außerdem wird Frau Nicknik nun doch ihren Erziehungsurlaub um ein Jahr verlängern. Manche Kunden müssen mittlerweile vier oder gar fünf Wochen auf Antwort warten. Es wird Sie nicht wundern, dass sich inzwischen die Beschwerden häufen. Hier müssen wir etwas tun. Ich hoffe, wir finden gemeinsam eine Lösung für dieses brennende Problem."*

**Ziele der Entscheidung bestimmen**

Was wollen Sie mit der Lösung erreichen? Was wollen Sie bei einer Lösung vermeiden? Klare Ziele sind eine gute Grundlage für passgenaue Ideen und dienen gleichzeitig als Hilfe bei der Bewertung von Vorschlägen. Eine einfache Lösung wäre im obigen Beispiel vielleicht, die Sprechstunden abzuschaffen, damit die Kollegen mehr Zeit für die Bearbeitung der Anfragen haben. Dies dürfte sich aber nicht mit dem Ziel eines kundenfreundlichen Images vertragen.

**Problembeschreibung nicht unnötig einengen**

Wenn Sie im Beispiel die Frage so formulieren: *„Wie können wir mehr Anfragen mit den wenigen Kollegen in der verfügbaren Zeit bearbeiten?"*, haben Sie zwei Einschränkungen getroffen, die die Bandbreite an Lösungsideen möglicherweise unnötig eingrenzen. Vielleicht ließe sich die Zahl der Mitarbeiter ja doch erhöhen oder es gibt die Möglichkeit, die verfügbare Zeit auszuweiten.

## 11. Entscheidungen treffen

Eine gute Problemlösung ist abhängig von dem Wissen, das den Entscheidern zur Verfügung steht. Was nicht bedeutet, dass die Teamkollegen in einer Flut von Unterlagen ertrinken sollen. Die Kunst besteht darin, alle für die Entscheidung relevanten Informationen weiterzugeben, ohne Wertung, ohne Einschränkungen (siehe Kapitel 9).

**Genügend Informationen bereitstellen**

Zu einer guten Informationsgrundlage gehören folgende Punkte:
- **Häufigkeit des Auftretens**
  Handelt es sich um ein einmaliges oder um ein wiederkehrendes Problem? Gibt es Problemketten? Dann ist eine Gesamtlösung angebracht.

- **Wirkungszusammenhänge**
  Die Teammitglieder sollten wissen, welche Faktoren mit dem Problemthema zusammenhängen und welche Interaktionen es zwischen den einzelnen Faktoren gibt.

- **Änderungsmöglichkeiten**
  Welche Chancen bestehen überhaupt, die Situation zu ändern? Welche Restriktionen liegen vor? Eine Lösung, die unter den gegebenen Bedingungen nicht umsetzbar ist, nützt Ihnen wenig.

Sachverhalte sind oft vielgestaltig. Dies erschwert die Problemlösung. Deshalb kann es sinnvoll sein, die Komplexität erst einmal zu reduzieren. Dazu splittet man die Situation in Teilaspekte auf. Zur Analyse kann Ihnen das Problem-Netzwerk gute Dienste leisten. Im Mittelpunkt stehen zwei Fragen: warum und wie.

**Komplexität des Problems reduzieren**

- Warum tritt das Problem auf?
- Wie wirkt sich das Problem aus?

Schreiben Sie das Problem in die Mitte eines Blattes und fragen Sie erst nach den Ursachen. Versuchen Sie Wechselwirkungen zwischen diesen zu ermitteln. Kennzeichnen Sie die Abhängigkeiten durch Pfeile. Danach wenden Sie sich den Auswirkungen zu und verfahren in gleicher Weise. Tauschen Sie Ihre Aufzeichnungen untereinander aus und besprechen Sie sie.

**Problem-Netzwerk einsetzen**

Bedingung: gute Kooperation

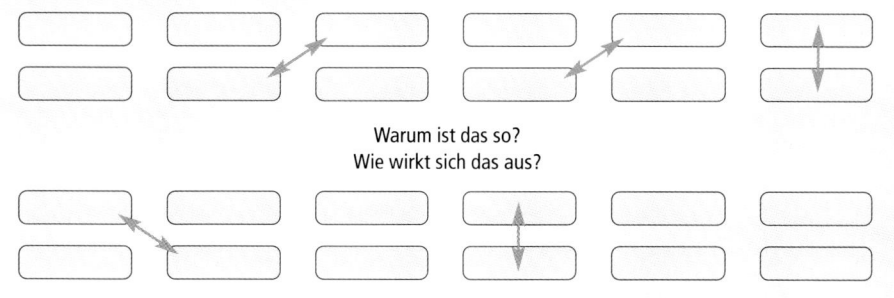

Warum ist das so?
Wie wirkt sich das aus?

**Lösungsvorschläge erarbeiten**

Bei komplexen und schwerwiegenden Problemen sollten Sie verschiedene Vorschläge entwickeln und dann systematisch die beste Lösung ermitteln. Die Sicherheit, ein tragfähiges Ergebnis gefunden zu haben, vergrößert sich angesichts von Alternativen.

**Kreativitätstechniken einsetzen**

Der Vorteil einer Entscheidungsfindung im Team liegt gerade darin, dass das kreative Potenzial verschiedener Menschen gemeinsam genutzt wird. Um möglichst gute Problemlösungen zu erreichen, bietet sich eine der vielen Kreativitätsmethoden an, wie Brainstorming oder Methode 635. Allen diesen Methoden ist gemeinsam, dass sie zwei Phasen umfassen:
1. die Suche nach Lösungen,
2. die Bewertung dieser Lösungen.

In der ersten Phase ist Kritik verboten, um den kreativen Prozess nicht zu stören. Für die Suche nach guten Ideen gelten generell folgende vier Prinzipien:

**Regeln zur Ideenfindung**

▪ **Kritik ist verboten**
Kreativität und Kritik vertragen sich schlecht miteinander. Deshalb gilt der Grundsatz: erst Ideen sammeln, dann Vorschläge bewerten.

▪ **Die Masse macht es**
Wichtig ist zunächst einmal, viele Vorschläge zu entwickeln. Je mehr Ideen, desto größer die Chance, dass sich darunter brauchbare Lösungsansätze finden.

## 11. Entscheidungen treffen

- **Alle Ideen sind erlaubt**
  Es darf frei und ungebremst assoziiert werden. Auch wenn dabei schon mal völlig weltfremde Dinge herauskommen. Aussortieren können Sie solche Vorschläge immer noch. Und manchmal findet sich an einer scheinbar skurrilen Idee doch ein Faden, aus dem sich eine gute Problemlösung spinnen lässt.

- **Verknüpfungen sind erwünscht**
  Ideen gewinnen oft an Prägnanz, wenn andere sie weiterentwickeln. Greifen Sie die Vorschläge Ihrer Teamkollegen auf.

| Phasen | Steuerung des Ablaufs | Brainstorming |
|---|---|---|
| Vorstellung des Problems | Problem formulieren | |
| | Zielsetzung bekannt geben | |
| | Zeit festlegen (und auf Einhaltung achten) | |
| Ideensammlung | Gedanken frei spielen lassen | |
| | möglichst viele Ideen produzieren | |
| | Vorschläge aufnehmen und weiterentwickeln | |
| | auf Regelverstöße achten | |
| | alle Vorschläge dokumentieren | |
| Ideenwürdigung | Ansätze zusammenfassen, vergleichen | |
| | gute Ideen ggf. kombinieren | |
| | beste Lösung auswählen | |

Wichtig ist beim Brainstorming, dass alle Ideen schriftlich festgehalten werden. Alle Teammitglieder sollen sämtliche Ansätze vor Augen haben. Zur Organisation brauchen Sie einen Moderator, der Vorschläge annimmt und ordnet sowie die Diskussion leitet. Das kann, muss aber nicht der Teamleiter sein.

Am besten halten Sie je eine Idee auf einer Moderationskarte fest. Schreiben Sie groß genug, damit alle Anwesenden die Karten lesen können. Hängen Sie die Vorschläge gut sichtbar an einer Stellwand auf.

Bedingung: gute Kooperation

**Beste Lösung auswählen**

Je mehr gute Ansätze Sie gemeinsam finden, desto besser. Ausnahme: Sie suchen einen Namen für ein Produkt oder einen Slogan – dann genügt manchmal eine zündende Idee. Je mehr Ideen Sie entwickelt haben, desto schwieriger ist aber meist auch die Auswahl der besten Lösung. In solchen Fällen müssen Sie dann eine Entscheidung zwischen verschiedenen Möglichkeiten treffen. So gehen Sie am besten vor:

1. **Sortieren Sie Ihre Ideen**
   Gehen Sie alle Ideen noch einmal durch, sichern Sie durch Nachfragen ab, dass alle Teammitglieder den Lösungsansatz verstanden haben. Der Moderator sortiert auf Zuruf die Karten nach folgenden Gesichtspunkten:
   - Ähnliche Ideen werden geclustert und erhalten eine Überschrift.
   - Unbrauchbare Vorschläge werden an eine Seite gehängt und bekommen den Titel „Zurückgestellt". Sie werden nicht weggeworfen.

Bevor Sie an die Bewertung der einzelnen Vorschläge gehen, sortieren Sie die Ideengruppen nach Wertigkeit. Welche Art von Lösung ist besonders erfolgversprechend? Fangen Sie mit der Bewertung dieser Gruppe an.

2. **Bewerten Sie Ihre Ideen**
   Gängige Bewertungshilfen sind die Analyse von Vor- und Nachteilen einer Lösung und die Arbeit mit Kriterien, denen eine Lösung genügen muss, zum Beispiel:

|          | Kosten | Nutzen |
|----------|--------|--------|
| Lösung 1 |        |        |
| Lösung 2 |        |        |
| Lösung 3 |        |        |

## 11. Entscheidungen treffen

Es gibt eine ganze Reihe möglicher Entscheidungskriterien. Welche Sie nutzen sollten, hängt mit der Problemlage und der Ausgangsfrage zusammen. Haben Sie beides gut definiert, ergeben sich hieraus oft automatisch Bewertungskriterien. Die Lösung, die die meisten Kriterien erfüllt, wird dann priorisiert.

**Mögliche Kriterien zur Bewertung von Lösungsalternativen**

- einfache Lösung
- sichere Lösung
- Tragweite der Lösung
- hoher Nutzen
- geringer Aufwand
- Alltagstauglichkeit
- Praktikabilität
- geringe Kosten
- verbesserte Qualität
- geringer Aufwand
- einfache Handhabung
- bequeme Lösung
- erhöhte Sicherheit
- verbesserte Arbeitsbedingungen
- zukunftssichere Lösung
- gute Akzeptanz
- attraktive Lösung
- zeitgemäße Lösung
- Anwendungsbreite
- mit der Lösung verbundene Probleme
- im Einklang mit Zielen
- schnell umzusetzen

*Entscheidungskriterien*

Bei sehr weitreichenden Entscheidungen können Sie Ihren Entschluss weiter absichern, indem Sie die Kriterien gewichten, ihre Sicherheit prüfen und gegebenenfalls Einzelkriterien zusammenfassen.

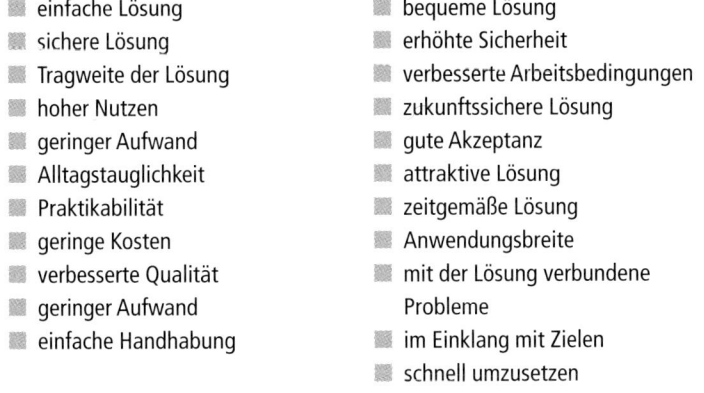

Beurteilung von Lösungen
↓
Gewichtung der Einzelkriterien
↓
Bewertung des Grads der Sicherheit
↓
Zusammenfassung zu Entscheidungskriterien
↓
Entscheidung

Bedingung: gute Kooperation

Bei solch systematischem Vorgehen ist die Wahrscheinlichkeit groß, gemeinsam eine tragfähige Lösung zu finden. Um die Entscheidung im Team zu verankern, ist es hilfreich, die Überlegungen, die zur Lösung geführt haben, am Ende zusammenzufassen.

**Nehmen Sie sich für schwierige Entscheidungen Zeit. Allerdings kann man alles übertreiben. Nach Untersuchungen unterstützt ein moderater Zeitdruck die stringente Suche nach der richtigen Lösung.**

### Risiken in Betracht ziehen

Jede Entscheidung ist mit Risiken behaftet. Je weitreichender die Auswirkungen, je unsicherer die Entscheidungsgrundlagen, desto höher sind meist die Risiken. Sie frühzeitig zu erkennen und entsprechende Gegenmaßnahmen zu ergreifen, ist eine wichtige Aufgabe, um Lösungen abzusichern. Aus Untersuchungen wissen wir, dass Teams tendenziell zu riskanteren Entscheidungen neigen. Deshalb sollten Sie bei allen wichtigen Entschlüssen eine Risikoanalyse vornehmen.

Genauso wie Sie Ihre Kreativität bei der Suche nach Erfolg versprechenden Wegen und Lösungen einsetzen, sollten Sie dies auch bei der Suche nach Unwägbarkeiten, Problemen, Risiken und Fallstricken tun.

**Risikoanalyse vornehmen**

Risiken lassen sich einschätzen nach *Wahrscheinlichkeit* und *Auswirkungen*. Je höher die Wahrscheinlichkeit, je größer die Auswirkungen, desto kritischer das Risiko.

**Beispiel**

*Das Risiko, dass ein Projekt zur Einführung der Kosten-Leistungs-Rechnung nicht fristgerecht fertig wird, ist nach bisherigen Erfahrungen hoch. Die Auswirkungen sind hingegen meist nicht gravierend.*

# 11. Entscheidungen treffen

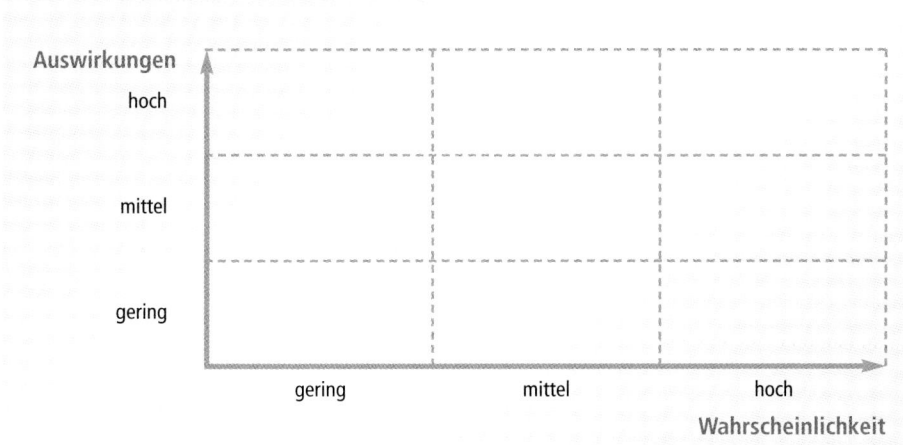

## Lösung konsequent umsetzen

Erarbeiten Sie zum Schluss gemeinsam mit den Kollegen und Mitarbeitern Wege, wie die Lösung umgesetzt werden soll. Halten Sie die Ergebnisse schriftlich fest. Die einfachste Form dazu ist der *Maßnahmenplan*. Darin ist genau festgehalten,

- *was* zu tun ist,
- *wer* dies tun soll,
- bis *wann* der Auftrag erledigt sein soll,
- auf *wen* er bei Fragen und Problemen zurückgreifen kann,
- *wem* er das Ergebnis mitzuteilen hat.

Wichtig sind hier klare Vereinbarungen. Verpflichten Sie als Teamleiter Ihre Kollegen und Mitarbeiter, an der Umsetzung der Lösung tatkräftig mitzuwirken. Fühlen Sie sich umgekehrt aber auch als Teammitglied verpflichtet, Absprachen einzuhalten und sich für die Umsetzung der gemeinsam erarbeiteten Lösung einzusetzen.

Trotz aller Hilfen und Instrumente: Wesentlich ist, wie gut das Team bei der Entscheidungssuche zusammenarbeitet. Deshalb sollten Sie auch auf die *Qualität des Entscheidungsprozesses* achten. Ist seine Qualität schlecht, wirkt sich dies negativ auf die Güte der Entscheidungen aus. Folgende Checkliste kann Ihnen bei der Beurteilung helfen:

**Qualität des Entscheidungsprozesses bewerten**

Bedingung: gute Kooperation

**Checkliste: Qualität von Teamentscheidungen**

| | | o. k. |
|---|---|---|
| **Lösungssuche** | Geht die Gruppe bei der Lösungssuche differenziert vor? | ☐ |
| | Werden genügend Vorschläge entwickelt? | ☐ |
| | Werden Zusammenhänge zwischen den Vorschläge hergestellt? | ☐ |
| **Entscheidungsfindung** | Werden die einzelnen Vorschläge intensiv genug diskutiert? | ☐ |
| | Werden Vorschläge „vergessen"? | ☐ |
| **Beteiligung** | Beteiligen sich alle Teammitglieder? | ☐ |
| | Sind die Redebeiträge ausgewogen? | ☐ |
| | Haben alle Mitglieder die gleichen Chancen, ihre Vorschläge durchzubringen? | ☐ |
| | Sind die Teilnehmer mit dem Verlauf zufrieden? | ☐ |
| | Sind die Teilnehmer mit dem Ergebnis zufrieden? | ☐ |

**Allgemeines**   o. k.

- Definieren Sie klar und verständlich die Ausgangslage und das Problem. ☐
- Bestimmen Sie die Ziele, die Sie erreichen wollen. ☐
- Sorgen Sie dafür, dass Ihre Kollegen und Mitarbeiter vor der Entscheidung über eine gute Informationsbasis verfügen. ☐
- Nutzen Sie zur Ideensuche kreative Methoden wie Brainstorming oder Methode 635. ☐
- Achten Sie darauf, dass dabei die Ideensuche von der Ideenbewertung streng getrennt ist. ☐
- Arbeiten Sie mit Entscheidungshilfen. ☐
- Suchen und gewichten Sie die Beurteilungskriterien gemeinsam. ☐
- Betrachten Sie auch die Chancen und Risiken von Lösungsalternativen. ☐
- Achten Sie darauf, dass alle Mitarbeiter hinter der Entscheidung stehen. ☐
- Sorgen Sie für eine schnelle und effiziente Umsetzung der Entscheidung. ☐

# Daueraufgabe: Förderung der Teamkultur

Der Begriff Kultur ist in den letzten Jahren arg strapaziert worden. Dennoch gibt er recht angemessen wieder, was gut eingespielte Teams auszeichnet: das Bestreben, auf der Basis übereinstimmender Werte und Ziele gemeinsam erfolgreich zu sein. Dazu gehört, dass man sich im Team einig ist, wie man mit Widerständen und mit Fehlern umgeht, wie man sich gegenseitig motiviert, auch, wie man einander die Meinung sagt oder neue Herausforderungen meistert. Eine funktionierende Teamkultur lässt sich nur erreichen, wenn die Mitglieder eine gute emotionale Beziehung zueinander aufbauen, sich mit der gemeinsamen Aufgabe identifizieren, stolz sind auf die zusammen erbrachte Leistung und wenn ihnen die Arbeit miteinander Freude macht. Gelungene Teamarbeit spiegelt sich einerseits in einem positiven Arbeitsklima auf der Beziehungsebene, einem ausgeprägten Wir-Gefühl, andererseits in einer guten Leistungs- und Ergebnisorientierung auf der Sachebene.

**Identifikation mit dem Team**

Ganz wichtig ist in diesem Zusammenhang, dass sich die Mitglieder mit ihrem Team identifizieren. Untersuchungen haben gezeigt, dass eine hohe Identifikation sich positiv auf die Leistungsmotivation und das Engagement des Einzelnen auswirkt. Die Mitarbeiter müssen sich vor allem in drei Bereichen wiedererkennen:
- im Team selbst,
- in den gemeinsamen Zielen und Normen,
- in der Möglichkeit, individuell Einfluss auf das Ganze zu nehmen.

Die Teamkultur zu verbessern ist zwar zuförderst Aufgabe des Teamleiters, jedoch können und sollen alle Beteiligten hierzu ihren Beitrag leisten. Mit einer Reihe von Maßnahmen kann ein Team das Zusammengehörigkeitsgefühl seiner Mitglieder unterstützen:

**Maßnahmen zur Unterstützung der Teamkultur**

- Intensivierung des Kennenlernens – auch durch gemeinsame Aktivitäten,
- Schaffung attraktiver Aufgaben, die eine hohe Interaktion erfordern,
- Berücksichtigung von Sympathie und Interessen bei der Zusammenstellung von Teilgruppen, etwa für bestimmte Tätigkeiten,
- Ermöglichung und Herausstellen gemeinsamer Erfolge,
- Verzahnung individueller Ziele mit den Teamzielen,
- faire Behandlung aller und Eingehen auf individuelle Wünsche,
- Dokumentation der Gruppenzugehörigkeit durch Gewohnheiten und Symbole – bis hin zur Kleidung.

Trotz dieser Vorkehrungen – von Zeit zu Zeit sollte jedes Team sich selbst kritisch hinterfragen und die eigene Kultur auf den Prüfstand stellen.

## 12. Hemmnissen begegnen

Teamarbeit beinhaltet für die einzelnen Mitarbeiter ein Versprechen, das Versprechen auf eine gemeinschaftliche, interessante Zusammenarbeit. Dieses Versprechen kann nicht immer eingelöst werden, dies liegt manchmal an den Rahmenbedingungen, zuweilen an den Aufgaben und natürlich auch an den beteiligten Kollegen selbst.

Jedes Teammitglied überprüft diese Art mentalen Vertrag regelmäßig auf seine Gültigkeit: „Werden meine Erwartungen und Wünsche noch erfüllt?" Lautet die Antwort „Ja", ist dies ein wichtiger Motivationsfaktor. Hat der Mitarbeiter aber das Gefühl, der innere Vertrag werde durch das Team nicht mehr eingehalten, reagiert er

- zunächst mit Protest,
- dann mit Enttäuschung,
- schließlich häufig mit innerer Kündigung.

**Aktive und passive innere Kündigung**

Die innere Kündigung muss nicht nur einzelne Kollegen treffen, auch ganze Teams können davon erfasst sein. Dies passiert schnell, wenn Meinungsführer sich immer stärker von ihrer Aufgabe im Team distanzieren und andere Mitglieder sich davon anstecken las-

## 12. Hemmnissen begegnen

sen. Auch ein unfähiger Teamleiter oder schlechte Rahmenbedingungen können eine innere Kündigung provozieren. Es gibt zwei Formen der inneren Kündigung: den stillen Rückzug (passiv) und die mentale Verweigerung (aktiv, „Dienst nach Vorschrift").

So weit muss es nicht kommen. Denn jeder Motivationsverlust, jede Vernachlässigung der Kommunikation, das vermehrte Auftreten von Auseinandersetzungen kann zu Einbußen in der Leistungsfähigkeit des Teams führen. Analysieren Sie, wo es hakt, wo Verbesserungen möglich sind. Für eine systematische Analyse gibt es vier Ansatzpunkte:

**Ansätze zur Teamanalyse**

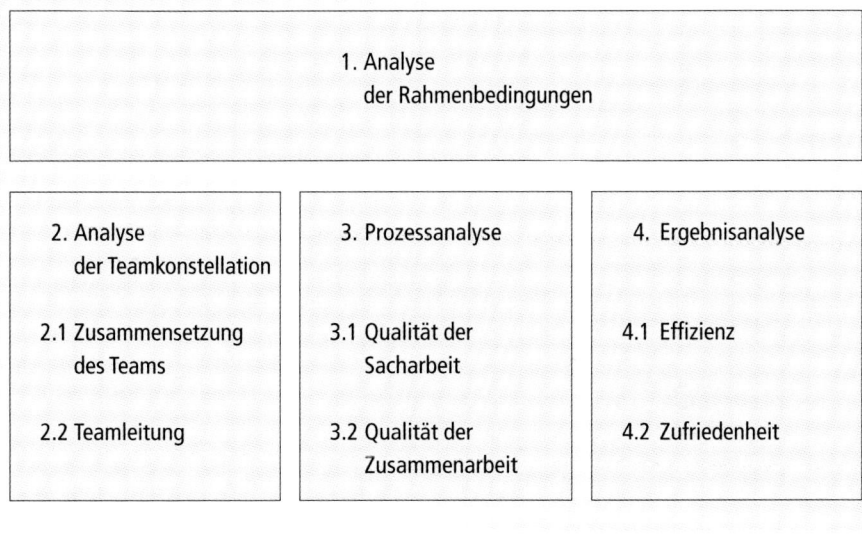

Die Punkte 3.1 und 4.1 sind auf der Sachebene angesiedelt. Hier gilt es vor allem, die Fachkompetenzen der Mitarbeiter zu sichern (siehe Kapitel 3). Im Folgenden stehen die Beziehungen der Teammitglieder untereinander und die hieraus resultierende Qualität der Zusammenarbeit im Mittelpunkt. Dazu gehört auch die Art und Weise, wie ein Team geführt wird (Punkt 2.2). Dem Teamleiter ist ein eigenes Hauptkapitel gewidmet (siehe Seite 152). Zu Punkt 4.2 lesen Sie Näheres im Abschnitt „Feedback" (Kapitel 15).

Daueraufgabe: Förderung der Teamkultur

### Zu 1: Rahmenbedingungen prüfen

Analysieren Sie zuerst die Rahmenbedingungen, das heißt äußere Faktoren wie die Größe der Gruppe oder organisatorische Umstände:

- Hat sich hier etwas geändert?
- Wie wirken sich die Änderungen auf die Arbeit im Team aus?
- Wie werden die Änderungen von den einzelnen Mitarbeitern gesehen?

| Checkliste: Mangelnde Rahmenbedingungen | trifft zu | trifft nicht zu |
|---|---|---|
| Gruppe zu groß? | ☐ | ☐ |
| hohe Fluktuation? | ☐ | ☐ |
| Unruhe durch organisatorische Veränderungen? | ☐ | ☐ |
| neue Teamleitung? | ☐ | ☐ |
| Einschränkung der Befugnisse, Ressourcen etc.? | ☐ | ☐ |
| (über-)starker Leistungsdruck von außen? | ☐ | ☐ |

Können Sie hier Einfluss nehmen? Zum Beispiel eine große Gruppe teilen, Absprachen mit anderen Abteilungen treffen, um den Spielraum des Teams zu erweitern oder zusätzliche Ressourcen zu erhalten? Zugegeben: An den Rahmenbedingungen lässt sich vermutlich nur wenig ändern – einen Versuch ist es jedoch trotzdem wert. Ohne ein günstiges Umfeld kann auch ein in sich stimmiges Team keine zufrieden stellende Leistung erbringen.

### Zu 2.1: Teamzusammensetzung prüfen

Aufgrund der einfachen Tatsache, dass in einem Team unterschiedliche Persönlichkeiten zusammentreffen, ist immer mit Hemmnissen zu rechnen, die effektives Arbeiten behindern. Die Einstellung einzelner Mitarbeiter kann das Gruppenklima stark belasten und im ungünstigsten Falle zu verschiedenen Formen von Widerständen führen:

## 12. Hemmnissen begegnen

**Widerstandsformen**

| passive Widerstände | aktive Widerstände |
|---|---|
| keine Beiträge | Aufbau von Gegenpositionen |
| keine Anregungen | Verweigerung von Zusammenarbeit |
| keine konstruktiven Beiträge | Vorenthalten von Informationen |
| ablehnende Grundhaltung | häufige Vorwände |
| Interesselosigkeit und Unlust | Vorschützen von Überlastung |
| unterdurchschnittliche Arbeitsergebnisse | Flucht in Krankheit |

*Aktive und passive Widerstände*

Vielleicht sind nicht alle Beteiligten teamfähig. Im zwischenmenschlichen Bereich kommen häufig folgende Störfaktoren vor:

| | |
|---|---|
| **Scheu vor Auseinandersetzungen** | mangelndes Interesse oder Angst, sich mit anderen Meinungen zu beschäftigen |
| **Fehlende Toleranz** | keine Bereitschaft, andere Einstellungen als gleichwertig anzuerkennen |
| **Konkurrenzdenken** | Ziele und Verhaltensweisen, die vordringlich auf das eigene Vorwärtskommen gerichtet sind |
| **Machtstreben** | Versuch, im Team eine dominante Rolle zu erringen |

Teamfähige Persönlichkeiten zeichnen sich vor allem durch nachstehende Eigenschaften aus (siehe auch Kapitel 2):

*Voraussetzungen für Teamfähigkeit*

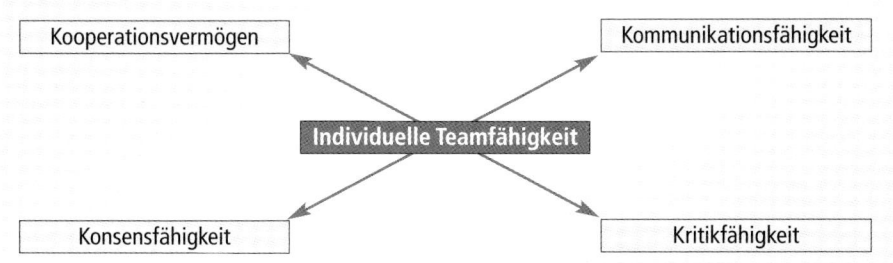

Daueraufgabe: Förderung der Teamkultur

**Individuelle Hemmnisse prüfen**

Sehen Sie sich bei der Analyse individueller Hemmnisse diese vier Eigenschaften näher an. Die Auswertung sollte nicht allein der Teamleiter vornehmen, sie ist vielmehr ein wichtiges Thema für Teambesprechungen. Am Teamleiter ist es allerdings in erster Linie, auf die Problematik aufmerksam zu machen.

**Checkliste: Individuelle Hemmnisse**

|  | trifft zu | trifft nicht zu |
|---|---|---|
| Konkurrenzdenken? | ☐ | ☐ |
| starre Identifikation mit einer Sache? | ☐ | ☐ |
| negative oder einseitige Sichtweise? | ☐ | ☐ |
| fehlende Kommunikationsbereitschaft? | ☐ | ☐ |
| Rechthaberei? | ☐ | ☐ |
| mangelnde Kooperationsfähigkeit? | ☐ | ☐ |
| Machtstreben? | ☐ | ☐ |
| fehlende Kritikfähigkeit? | ☐ | ☐ |
| Scheu vor Auseinandersetzungen? | ☐ | ☐ |
| mangelnde Toleranz? | ☐ | ☐ |

**Die Rollenentwicklung beobachten**

Aufgrund ihrer Persönlichkeitsmerkmale übernehmen Menschen in Gruppen verschiedene Rollen (siehe Kapitel 4). Überprüfen Sie als Teamleiter regelmäßig die Rollenverteilung in Ihrer Mannschaft. Beobachten Sie dazu die Teamsitzungen und machen Sie sich Notizen:
- Wer bringt die meisten Beiträge?
- Wer stimmt wem zu?
- Auf wessen Meinung hören andere Teammitglieder?
- Wer beteiligt sich nicht?
- Wer äußert sich zum organisatorischen Vorgehen?
- Wer macht welche Vorschläge?
- Wie werden die Vorschläge von den anderen aufgenommen?
- Wer kritisiert was?
- Wer versucht die Stimmung aufzulockern?

Vergleichen Sie die Notizen von verschiedenen Sitzungen. So können Sie sehr schnell feststellen, ob sich Rollen verändern, wichtige Rollen nicht mehr besetzt sind oder ein Mitglied eine Rolle einnimmt, die möglicherweise negative Auswirkungen auf die Gruppe hat.

Es gibt einige typische Verhaltensweisen, die Menschen zeigen, wenn sie mit anderen im Team arbeiten (müssen). Sie alle haben etwas mit der Motivation zu tun (siehe Kapitel 13).

- **Müßiggang**
  Die persönlichen Beiträge zum Teamergebnis werden reduziert. Dieses Verhalten ist dem Mitglied oft nicht bewusst, weil es den eigenen Anteil an der Gruppenleistung nicht immer korrekt einschätzen kann. Allerdings gibt es auch die Variante des „Trittbrettfahrens", eine gezielte Verringerung der eigenen Anstrengungen auf Kosten der anderen Teammitglieder, etwa, weil der Mitarbeiter andere Prioritäten setzt.

- **Rückzug**
  Manche Menschen verlieren in der Gruppe nicht ihre Hemmungen, sich einzubringen und ihre Position klar zu formulieren, ihre Interessen durchzusetzen. Der Grund liegt vielfach in Befürchtungen, bei anderen Teammitgliedern oder bei einzelnen, starken Persönlichkeiten in der Arbeitsgruppe anzuecken.

- **Demotivation bei Leistungsträgern**
  Zu einer bewussten Abnahme der Motivation kann es bei Leistungsträgern kommen, wenn sie feststellen, dass ihr überdurchschnittliches Engagement von anderen ausgenutzt wird.

- **Kollektive Verweigerung**
  Werden von außen, etwa von der Teamführung oder von einer übergeordneten Stelle, hohe Anforderungen an das Team gestellt, die die Betroffenen nicht akzeptieren, mit denen sie sich nicht identifizieren können, kommt es bisweilen zu einer kollektiven Leistungsreduzierung („Dienst nach Vorschrift"), im Extremfall zu einer Verweigerung oder gar zur Sabotage.

**Typische „Laster" bei Teamarbeit**

Diese Tendenzen können Sie vermeiden, wenn für eine gute Arbeitsverteilung gesorgt ist und klare Leistungsanforderungen definiert sind. Dass sich ein Mitarbeiter auf Kosten anderer ausruht, sollte ein Team schnell erkennen und abstellen.

Rückzug lässt sich dadurch verhindern, dass die Argumente aller Mitglieder gehört und berücksichtigt werden. Helfen können Spielregeln zum Diskussionsverhalten und der Einsatz von Moderationstechniken bei Entscheidungen (siehe Kapitel 11).

**Bei einzelnen Störenfrieden sollten Sie das Zweiergespräch suchen. Sind mehrere Mitarbeiter betroffen, vielleicht ganze Beziehungsbündel, gehört die Rollenverteilung auf die Tagesordnung einer Teamsitzung.**

*Teamentwicklung beobachten*

Ein Team ist kein statisches Gebilde, das einmal zusammenwächst und dann perfekt funktioniert. Es laufen ständig gruppendynamische Prozesse ab, die die Mannschaft positiv, aber auch negativ verändern können. Achten Sie daher sensibel auf mögliche Hinweise für ungünstige Entwicklungen. Diese Aufmerksamkeit sollten alle Teamkollegen zeigen. Im Zweifel hat stets die Arbeit an der Beziehungsebene Vorrang vor Sachthemen. Konflikte müssen angesprochen werden, sobald sie auftreten (siehe Kapitel 20).

*Kriterien erfolgreicher Zusammenarbeit*

### Zu 2.2: Zusammenarbeit prüfen

Eine gute Kooperation erkennt man an einem offenen Klima, das Folgendes ermöglicht:
- allgemeine Akzeptanz der Ziele und Aufgaben der Gruppe,
- ungezwungene, entspannte Arbeitsatmosphäre,
- offene Kommunikation,
- gegenseitige Unterstützung,
- intensive, aufgabenbezogene Diskussionen,
- offener Umgang mit Meinungsverschiedenheiten,
- Entscheidungsbildung durch gegenseitige Übereinstimmung,
- sachliche, offene Kritik,
- gemeinsames Verantwortungsbewusstsein in der Gruppe.

Spätestens wenn Gerüchte auftauchen, wenn es Beschwerden gibt, wenn sich Grüppchen bilden, die Mitarbeiter mehr übereinander als miteinander reden, sollten Sie gemeinsam den Fokus auf die Verbesserung der Zusammenarbeit legen. Häufig lassen sich Schwachstellen einzelner Teams wie mangelnde Kommunikation

## 12. Hemmnissen begegnen

und Information durch bloße Anschauung im Arbeitsprozess ermitteln. Die häufigsten Probleme betreffen sechs Bereiche:

| | | |
|---|---|---|
| **Ziele** | Die Ziele sind unklar, die Teammitglieder ziehen nicht an einem Strang, sondern verfolgen unterschiedliche Interessen. | **Sechs Hauptproblembereiche** |
| **Information** | Der Informationsfluss ist unzureichend. Die Kollegen fühlen sich zu wenig unterrichtet. | |
| **Kommunikation** | Beim Austausch über die Arbeit und über das Miteinander hapert es. Einige reden viel miteinander, andere werden eher ausgeschlossen. | |
| **Arbeitsorganisation** | Die Arbeit ist ungleich verteilt, die interessanten Aufgaben erhalten immer dieselben Kollegen, unbeliebte Arbeiten werden abgeschoben; einige ruhen sich auf Kosten anderer aus. Persönliche Stärken und Kompetenzen werden zu wenig genutzt. Wer was tun soll, ist unklar. Die Leitung lässt zu wenig Spielräume für eigenständiges Arbeiten. | |
| **Konflikte** | Im Team schwelen bereits längere Zeit Konflikte, die nie richtig angegangen wurden. Es fehlt eine Teamkultur, die Wert darauf legt, sich offen und konstruktiv mit Differenzen auseinander zu setzen. | |
| **Teamverständnis** | Der Zusammenhalt innerhalb des Teams, das Gemeinschaftsgefühl ist zu wenig ausgeprägt. Ein ernsthaftes Interesse an den Kollegen und der gemeinsamen Arbeit fehlt. Es bilden sich Grüppchen. | |

Einen Überblick über die Qualität der Zusammenarbeit im Team können Mitarbeiterbefragungen geben (siehe auch Kapitel 15). Dazu eignet sich folgender Fragebogen, den der Teamleiter unbedingt erläutern sollte. Eine gemeinsame Auswertung ist entscheidend.

Daueraufgabe: Förderung der Teamkultur

**Test: Wie gut arbeiten Sie zusammen?**

**Einschätzungshilfe: Zusammenarbeit im Team**

Bitte beantworten Sie folgende Fragen: | Ja | Nein
---|---|---
1. Wir ergänzen uns gut in unserer Arbeitsweise. | ☐ | ☐
2. Wir haben ein gutes Vertrauensverhältnis aufgebaut. | ☐ | ☐
3. Wir arbeiten gerne zusammen. | ☐ | ☐
4. Die Ziele unserer Arbeit sind allen klar. | ☐ | ☐
5. Jeder setzt sich für die Erreichung der gemeinsamen Ziele ein. | ☐ | ☐
6. Von den Persönlichkeiten her passen wir gut zusammen. | ☐ | ☐
7. Wichtige Entscheidungen werden gemeinsam vorbereitet. | ☐ | ☐
8. Wir reden und diskutieren viel miteinander. | ☐ | ☐
9. Wir fühlen uns von unserem Teamleiter gut betreut. | ☐ | ☐
10. Probleme werden gemeinsam angegangen. | ☐ | ☐
11. Im Team sind genügend engagierte Mitarbeiter. | ☐ | ☐
12. Alle setzen sich für die gemeinsame Aufgabe ein. | ☐ | ☐
13. Die gemeinsame Arbeit ist uns wichtig. | ☐ | ☐
14. Unser Teamleiter vertritt unsere Anliegen mit Nachdruck. | ☐ | ☐
15. Die Motivation im Team ist gut. | ☐ | ☐
16. In der Gruppe sind genügend Fachleute. | ☐ | ☐
17. Wir ziehen alle am selben Strang. | ☐ | ☐
18. Gemeinsam finden wir meist schnell gute Lösungen. | ☐ | ☐
19. Wir wissen immer, wer was warum tut. | ☐ | ☐
20. Wir arbeiten aufgabenorientiert, nicht zeitorientiert. | ☐ | ☐
21. Die Fachkenntnisse der Teammitglieder ergänzen sich gut. | ☐ | ☐
22. Wir arbeiten effizient zusammen. | ☐ | ☐
23. Erfolge werden als gemeinsame Leistung gesehen. | ☐ | ☐
24. Bei Problemen können wir uns jederzeit an unseren Teamleiter wenden. | ☐ | ☐
25. Die gemeinsame Arbeit macht Spaß. | ☐ | ☐

# 12. Hemmnissen begegnen

Zur Auswertung tragen Sie die Anzahl der Ja-Antworten für die einzelnen Fragen in folgende Tabelle ein:

| Bereich | Zusammensetzung der Gruppe | Zusammenarbeit innerhalb der Gruppe | Identifikation mit dem Team | Einschätzung der Teamleitung | Engagement und Motivation |
|---|---|---|---|---|---|
| Fragen | 1 | 2 | 3 | 4 | 5 |
| | 6 | 7 | 8 | 9 | 10 |
| | 11 | 12 | 13 | 14 | 15 |
| | 16 | 17 | 18 | 19 | 20 |
| | 21 | 22 | 23 | 24 | 25 |
| Summe | | | | | |
| Anzahl Bögen | | | | | |
| Wert | | | | | |

**Auswertung**

Rechnen Sie die Werte für die einzelnen Bereiche im Feld „Summe" zusammen und teilen Sie die Summen durch die Anzahl der Fragebögen. Tragen Sie das Ergebnis jeweils in das Feld „Wert" ein. Die Resultate können im Bereich von 0 (Minimalwert) bis 5 (Maximalwert) liegen.

Ignorieren Sie weniger gute Ergebnisse nicht, sondern diskutieren Sie im Team, welche Ursachen hinter diesem schlechten Abschneiden liegen und was Sie gemeinsam dagegen tun können.

## Gefahr durch Überbewertung des Teamgeistes

Dass gut zusammengearbeitet wird, ist einer der Eckpfeiler für ein erfolgreiches Team. Allerdings kann der Teamgeist auch einen zu hohen Stellenwert bekommen – und zwar dann, wenn er zulasten der Sacharbeit geht. Ein sehr stark entwickeltes Harmoniestreben führt bisweilen dazu, dass

**Folgen eines zu ausgeprägten Teamgeistes**

- Mitarbeiter, die wenig Leistung bringen, von den anderen gedeckt werden,
- die Gruppe sich gegenüber dem Teamleiter verschließt und ihn zum Außenseiter stempelt,
- die Leistungskomponente immer mehr vernachlässigt wird.

Was können Sie als Teamleiter oder engagiertes Teammitglied in solch einem Fall tun? Suchen Sie nach den Ursachen dieses starken Harmoniestrebens. Was steckt dahinter? Interessant sind hier vor allem die Rollen und Normen, die sich innerhalb der Gruppe herausgebildet haben.

**Als Teamleiter gegensteuern**

Beobachten Sie, wer als Sozialpromotor (siehe Kapitel 4) besonderen Einfluss auf den (zu) engen Zusammenhalt hat. Gibt es Möglichkeiten, den Einfluss dieses Kollegen zu verringern? Sie können ihm als Vorgesetzter etwa eine Sonderaufgabe übertragen, um ihn etwas aus der Gemeinschaft zu lösen.

Setzen Sie neue Anforderungen. Lassen sich Aufgaben so organisieren, dass einzelne Gruppen unabhängig voneinander arbeiten? Vielleicht ist es sogar möglich, eine Wettbewerbssituation zu schaffen. Wie sieht es mit neuen Verbindungen aus? Können die Mitarbeiter nicht intensiver mit anderen Abteilungen kooperieren? Auch dadurch wird der Gruppenzusammenhalt etwas aufgeweicht.

### Mit Hemmnissen umgehen

Der beste Weg, Schwierigkeiten in der Teamarbeit zu begegnen, ist ein stetiges Bemühen um die Teamkultur. Überlegen Sie miteinander, wie Sie

**An der Teamkultur arbeiten**

- die Vorteile der gemeinsamen Arbeit für das Gesamtergebnis den Gruppenmitgliedern noch stärker bewusst machen,
- die Gruppe noch mehr auf die Arbeitsziele einschwören,
- die persönlichen Vorteile besser herausstellen, die der Einzelne von der Zusammenarbeit hat,
- für eine bessere Information und Kommunikation sorgen,
- Konkurrenzsituationen und Gruppenbildung innerhalb des Teams vermeiden,
- Erfolgserlebnisse schaffen und Erfolge im Team teilen können.

## 12. Hemmnissen begegnen

Dauern bestimmte Schwierigkeiten schon länger an und hat das Arbeitsklima bereits merklich gelitten, ist es zunächst wichtig, wieder eine Vertrauensbasis zu schaffen und die Kollegen miteinander ins Gespräch zu bringen. Das wiederum ist die Voraussetzung, damit Probleme und Konflikte offen diskutiert und sachlich angegangen werden (siehe folgendes Hauptkapitel: Alltag: Konfliktmanagement).

| Vertrauensbasis neu schaffen | Kommunikation wiederherstellen | Probleme und Konflikte konstruktiv angehen |
|---|---|---|

Überlegen Sie, ob nicht eine Teamschulung die Zusammenarbeit verbessern könnte. Diskutieren Sie gemeinsam mit Ihren Kollegen und Mitarbeitern, welche Schwerpunkte so ein Seminar haben soll.

**Checkliste: Mit Hemmnissen umgehen**

| | o. k. |
|---|---|
| ▪ Prüfen Sie regelmäßig, wo das Team steht. | ☐ |
| ▪ Werten Sie systematisch alle Informationen über den Entwicklungsstand der Gruppe aus, die Ihnen zur Verfügung stehen. | ☐ |
| ▪ Achten Sie auf günstige Rahmenbedingungen für die Teamentwicklung. | ☐ |
| ▪ Nehmen Sie Probleme und Widerstände als Anzeichen mangelnden Teambewusstseins. | ☐ |
| ▪ Analysieren Sie Stärken und Schwachstellen der Zusammenarbeit gemeinsam. | ☐ |
| ▪ Arbeiten Sie systematisch an Verbesserungsmöglichkeiten. | ☐ |
| ▪ Sehen Sie die Teamentwicklung als Daueraufgabe. | ☐ |

## 13. Motivation erhalten

Ihren Mitstreitern im Team geht es sicher nicht anders als Ihnen: Nicht immer freut man sich schon beim Frühstück auf den Arbeitstag, nicht immer geht einem alles reibungslos von der Hand. Oft sieht man eher das tägliche Routineeinerlei als spannende Herausforderungen. Eine gute Motivation ist kein Selbstzweck. Motivation wirkt sich positiv auf das Engagement aus, die Arbeit geht besser und schneller voran, Konzentrationsmängel sind seltener.

*Bedürfnisse – Basis der Motivation*

Dafür, eine gute Motivation im Team zu schaffen und zu erhalten, gibt es leider keine Patentrezepte: Jeder Mensch hat unterschiedliche *Bedürfnisse*. Der Wunsch nach Erfüllung dieser Bedürfnisse liefert die Motive, sich zu engagieren und *motiviert* an eine Aufgabe heranzugehen – oder eben nicht.

### Grundmotive ansprechen

Um einen Mitarbeiter zu motivieren, müsste der Teamleiter dessen Motive herausfinden und dann gezielt an diese appellieren. Es gibt sehr viele und sehr unterschiedliche Motive. Die Forschung hat aber herausgefunden, dass neben den Grundbedürfnissen wie Schlafen und Essen im Wesentlichen vier elementare Motive – *die Motivatoren* – Triebfedern menschlichen Handelns sind. Diese sollen hier vorrangig im Zusammenhang mit der Arbeitsmotivation betrachtet werden, wobei motivationstheoretische Erkenntnisse bewusst stark vereinfacht dargestellt sind.

*Vier wesentliche Motivatoren*

Folgende Motivatoren existieren:

1. **Sicherheit**
   Hierunter fallen der sichere Arbeitsplatz, das gewohnte Arbeitsumfeld oder regelmäßige Gehaltszahlungen.

2. **Anerkennung**
   Beschäftigte wollen von Kollegen und Vorgesetzten akzeptiert und geschätzt werden.

3. **Prestige und Status**
   Dazu gehört etwa der Wunsch, beruflich vorwärts zu kommen, befördert zu werden und mehr Geld zu verdienen.

4. **Persönliche Entfaltung**
Hier finden sich Motive wie neue Herausforderungen, Erweiterung des Horizonts oder Verwirklichung eigener Ideen.

Besonders die Motive Anerkennung und persönliche Entfaltung können im Team meist besser befriedigt werden als in einer hierarchischen Struktur. Ihre Berücksichtigung ist Aufgabe aller Teammitglieder, allen voran des Teamleiters. Wobei er das Spannungsfeld zwischen der Förderung Einzelner und dem Vorwärtsbringen der ganzen Gruppe im Auge halten muss.

Die vier Motivatoren stehen nicht nebeneinander, sondern bauen aufeinander auf. Das Streben nach Anerkennung spielt zum Beispiel nur eine untergeordnete Rolle, wenn der Arbeitsplatz – also die Sicherheit – gefährdet ist. Prestige und Status sind eher uninteressant, wenn die Anerkennung durch Kollegen oder den Vorgesetzten fehlt.

**Pyramide der Motive**

Unruhe, Unsicherheit ist für viele Menschen unangenehm; sie wünschen sich etwas anderes, nämlich in Ruhe arbeiten zu können. Wenn man nicht weiß, was wird, wenn der sichere Rahmen fehlt, ist man gezwungen, sich mit den Unsicherheitsfaktoren zu beschäftigen statt mit seinen Sachaufgaben. Das Wohlergehen steht auf dem Spiel. Deshalb ziehen viele Umstrukturierungsmaßnahmen die Demoti-

**Das Sicherheitsbedürfnis unterstützen**

vation der Mitarbeiter nach sich. Schaffen Sie als Teamleiter daher – soweit möglich – ein sicheres Umfeld für die gemeinsame Arbeit.

**Anerkennung zollen** Jedes Gruppenmitglied hat wie alle Menschen das Bedürfnis, von anderen Anerkennung zu erhalten, will als Person akzeptiert werden, seinen Platz im Team finden. Das gilt auch für seinen Einsatz und seine Leistungen. Hier erwartet der Mitarbeiter ebenso eine Einschätzung, eine positive Resonanz. Sorgen Sie als Teamverantwortlicher für ein gutes Zusammengehörigkeitsgefühl, achten Sie darauf, dass es keine Außenseiter gibt, betonen Sie die gemeinsame Leistung, feiern Sie Erfolge.

**Prestige- und Statuswünsche berücksichtigen** Viele Menschen sind ehrgeizig, wollen andere überflügeln und Karriere machen. Neben Geld spielen hier Statussymbole als Zeichen des Erfolgs eine wichtige Rolle: die umfassenderen Befugnisse, die umfangreicheren Entscheidungskompetenzen, das größere Zimmer, „wichtigere" Gesprächspartner, die Einladung zu bestimmten Treffen. Das Bedürfnis nach Prestige steht in einem Spannungsverhältnis zum Grundgedanken der Teamarbeit, dass nämlich in erster Linie die Gruppenergebnisse zählen. Hebt der Teamleiter die Leistung Einzelner hervor, kann dies bei anderen zu Demotivation führen. Gehen Einzelleistungen unter, leidet die Motivation ebenfalls.

Wie kommen Sie aus dieser Zwickmühle?
- Stellen Sie gemeinsame Erfolge heraus, betonen Sie dabei jedoch auch besondere Leistungen Einzelner.
- Wenn Sie Einzelleistungen würdigen, achten Sie darauf, dass nicht immer dieselben Teammitglieder genannt werden. Jedes Teammitglied sollte mit seinen Beiträgen Anerkennung finden.
- Sie können für Auszeichnungen sorgen, indem Sie etwa
  – einem Mitarbeiter die Verantwortung für eine wichtige Sonderaufgabe übertragen,
  – ein Teammitglied zum Projektleiter ernennen,
  – einen Kollegen einen wichtigen Vortrag auf einer Tagung halten lassen.

**Die persönliche Entfaltung fördern** Menschen machen am liebsten das, was ihren Vorlieben und Interessen entspricht. Der eine tüftelt gerne still vor sich hin und liebt die Arbeit am Detail, der andere steht mit Vorliebe im Mittelpunkt und glänzt mit neuen Ideen, die eher andere umsetzen sollen. Hier bietet die Teamarbeit eine gute Chance, weil verschiedene Mitarbeiter mit unterschiedlichen Neigungen zusammen an gemeinsamen Zielen arbeiten können. Teamarbeit unterstützt sehr stark den Wunsch, als Einzelner mit seinen Stärken von den Kollegen anerkannt zu werden, sozusagen Gleicher unter Gleichen zu sein. Diese Arbeitsform kommt dem Bedürfnis entgegen, das zu tun, was einem liegt und Freude bereitet. Voraussetzung ist natürlich, dass das Team gemischt zusammengesetzt ist und nicht alle dieselben Wünsche hegen – was eine erfolgreiche Arbeit ohnehin behindern würde. Von Bedeutung ist ferner ein ausgewogenes Verhältnis zwischen individuellen Zielen und Teamzielen.

**Demotivation vermeiden**
Motivation geht oft „schleichend" verloren – Erfolgserlebnisse bleiben aus, der tägliche Trott führt zu Routine, im schlimmsten Fall sogar zu Langeweile und Desinteresse. Demotivation kann das ganze Team erfassen oder lediglich einzelne Mitarbeiter treffen.

Folgende Tatbestände weisen auf eine schwindende Motivation hin:
- Es kommen aus der Gruppe keine Ideen oder Vorschläge mehr.
- Mitarbeiter versuchen sich vor anspruchsvollen Aufgaben und entsprechender Verantwortung zu drücken.
- Es wird nur noch das geleistet, was zwingend erforderlich ist.
- Vorgaben von außen oder von oben werden kritiklos akzeptiert.
- Mitglieder fragen ständig nach, ob sie Arbeitsanweisungen auch korrekt umgesetzt haben.
- Hierarchien werden sehr stark betont („Das soll mal der Chef selbst entscheiden").
- Die Beschäftigten nehmen Fehler gleichgültig hin.
- Der Dienstweg wird streng eingehalten – zum Beispiel durch Memos oder E-Mails mit ellenlangem Verteiler.

*Anzeichen für Motivationsverlust*

Ein Punkt für sich allein muss noch nicht auf Demotivation hinweisen. Vielleicht hat das Team nur einen schlechten Tag. Wenn sich die Signale aber häufen, sollte der Teamleiter umgehend wieder neuen Schwung in seine Truppe bringen. Jeder Teamkollege, der solche Anzeichen wahrnimmt, ist zudem aufgerufen, seine Befürchtungen den anderen gegenüber anzusprechen.

## Daueraufgabe: Förderung der Teamkultur

**Motivieren durch neue Arbeitsabläufe**
Jede Begeisterung lässt einmal nach – auch die, in einem guten Team zu arbeiten. Schaffen Sie von Zeit zu Zeit neue Möglichkeiten der Zusammenarbeit und Änderungen bei der Arbeitsverteilung. Projektarbeit ist hier sinnvoll. In jedes Projekt können andere Teammitglieder eingebunden werden. Aufgaben und Verantwortlichkeiten wechseln ab, selbstständige und zielgerichtete Tätigkeiten werden betont.

**Motivieren durch Appell an Verantwortung**
Machen Sie als Führungskraft jedem einzelnen Teammitglied deutlich, dass es Verantwortung für seinen eigenen Beitrag, aber auch für das Gesamtergebnis des Teams trägt. Weisen Sie darauf hin, dass sich diese Verantwortung nicht nur auf die sachliche Ebene bezieht, sondern auch auf die Kommunikation, den fairen und offenen Umgang miteinander und ein partnerschaftliches Arbeitsklima.

In nahezu jeder Arbeitsgruppe wird es Leute geben, die schlicht keine Lust haben, viel zu tun, und auch mit zahlreichen Bemühungen kaum zu motivieren sind. Eine solche Haltung geht dann auf Kosten anderer Teammitglieder, vor allem der engagierten, die die Arbeit der Unmotivierten mitmachen müssen. Dies führt schnell zu Spannungen und nicht selten auch zur Demotivation der Leistungsträger – und gefährdet letzten Endes das ganze Team. Deshalb muss der Teamleiter für eine ausgewogene Verteilung der Arbeit sorgen und sich Mitarbeiter mit einer „freizeitorientierten Schonhaltung" vornehmen.

**Lustlose mit Aufgaben motivieren**
Versuchen Sie bei trägen Mitarbeitern wieder die Lust an der Arbeit zu wecken – auch wenn es nicht ganz einfach ist. Schaffen Sie hier eine Motivation von innen, indem Sie solche Kollegen über Aufgaben fordern:
1. Betonen Sie, wie wichtig sein Arbeitsbereich ist.
2. Stellen Sie die Tätigkeit als Herausforderung dar.
3. Überlassen Sie dem Mitarbeiter mehr Verantwortung bei der Erledigung der Aufgabe.
4. Schaffen Sie Möglichkeiten, sich mit der Arbeit zu identifizieren.
5. Geben Sie dem Teammitglied auch einmal neue, ungewohnte Aufträge.

## 13. Motivation erhalten

Weisen Sie Teammitgliedern aber nicht einfach zusätzliche Arbeiten und Verantwortlichkeiten zu, sondern analysieren Sie vorher ganz genau, wo sich individuelle Stärken und Schwächen verstecken. Suchen Sie dann gezielt nach passenden Aufgaben. Dabei helfen Ihnen folgende Fragen:

- Welche Aufgaben erledigt der Mitarbeiter fristgerecht und gründlich?
- Was scheint ihm Spaß zu machen?
- Bei welchen Tätigkeiten hat er offensichtlich Schwierigkeiten?
- Wo liegen die Ursachen für diese Probleme?

Überlegen Sie dann gemeinsam mit dem Mitarbeiter – vielleicht auch zusammen mit weiteren Kollegen –, welche Herausforderungen für zusätzliche Motivation sorgen können. Berücksichtigen Sie dabei seine Wünsche und Vorstellungen. Versprechen Sie jedoch nichts, was Sie nicht halten können. Damit machen Sie unter Umständen eine aufkeimende Motivation gründlich zunichte.

Denken Sie daran: Ein Patentrezept zur Motivation kann es nicht geben. Sie müssen als Gruppenleiter die besonderen Bedürfnisse jedes einzelnen Teammitglieds herausfinden und gezielt ansprechen. Und Sie müssen dabei stets auch die Gruppendynamik im Auge haben. Denn in einer Mannschaft kann einer den anderen genauso schnell mitreißen wie „herunterziehen".

**Checkliste: Motivation von Teammitgliedern**

o. k.
- Prüfen Sie regelmäßig, wo das Team steht. ☐
- Berücksichtigen Sie die vier Motivatoren Sicherheit, Anerkennung, Prestige und Status sowie persönliche Entfaltung. ☐
- Achten Sie darauf, dass die Rahmenbedingungen stimmen. ☐
- Erzeugen Sie eine Motivation von innen. ☐
- Loben Sie Kollegen und Mitarbeiter und zeigen Sie Anerkennung. Achten Sie dabei sorgfältig darauf, dass Sie den richtigen Ton treffen. ☐
- Motivieren Sie lustlose Mitarbeiter durch anspruchsvolle Aufgaben. ☐
- Erhalten Sie die Motivation Ihrer Mitarbeiter durch neue Herausforderungen. ☐
- Sehen Sie Motivation als ständige Aufgabe. ☐

## 14. Mit Fehlern umgehen

Fehler macht man nicht. Fehler sind karriereschädlich. – Eine solche Einstellung ist gerade im Team fehl am Platz. Wenn man nur aus Erfolgen lernt, lernt man zu wenig. Genauso gut, eher noch besser lassen sich Fehlschläge nutzen, um Abläufe und Ergebnisse zu optimieren. Jede Gruppe braucht eine angstfreie Atmosphäre, in der Fehler nicht vertuscht, sondern offen gelegt, besprochen und so zügig abgestellt werden. Zu einer förderlichen Teamkultur gehört ein *Fehlermanagement.*

### Gefahren eines Null-Fehler-Systems

Eine Null-Fehler-Gesellschaft, die stets perfekte Ergebnisse anstrebt, provoziert Verhaltensweisen, die sehr nachteilig auf das Miteinander im Team wie auch auf seine Arbeitsproduktivität wirken:

*Drei typische Folgen einer Angstkultur*

1. **Fehler werden verschwiegen**
   Mitarbeiter neigen dazu, Fehler zu vertuschen in der Hoffnung, dass irgendwann Gras über die Sache wächst. Bei kleinen Schnitzern bedeutet das nur, dass die Möglichkeit verloren geht, ihre Ursachen systematisch zu untersuchen und daraus zu lernen. Bei anderen, folgenschweren Fehlern kann das heißen, dass sie sich zu einem großen Problem auswachsen. Und das kann sehr teuer werden – zuweilen gar das ganze Unternehmen gefährden.

2. **Fehler werden anderen zugeschoben**
   Dieses „Schwarzer-Peter-Spiel" kennen Sie sicherlich. Viel Zeit und viel Energie wird darauf verwendet, nach einem Sündenbock zu suchen und die eigene Unschuld zu „belegen". Am Ende kommt meist wenig dabei heraus – außer gegenseitigen Schuldzuweisungen, Streit und einem von Misstrauen geprägten Klima, das die Substanz des Teams untergräbt. Wird tatsächlich ein „Schuldiger" gefunden, leiden dessen Selbstwertgefühl („Ich bin ein Versager", „Ich bin immer der Buh-Mann") und dessen Arbeitsmotivation („Dann sollen die es doch alleine machen, wenn sie es besser können"), was sich schnell auf die Kollegen überträgt.

**3. Fehler werden unter allen Umständen vermieden**
Perfektionismus erstickt jede Eigeninitiative und erfordert einen unangemessenen Aufwand, um Entscheidungen abzusichern, Vorgänge und Abläufe zu kontrollieren – die Effizienz leidet. Beides, das Verharren in der Routine und ein Übermaß an Kontrolle, lähmt die Motivation der Teammitglieder.

Der falsche Umgang mit Fehlern kann zu einem Teufelskreis führen:

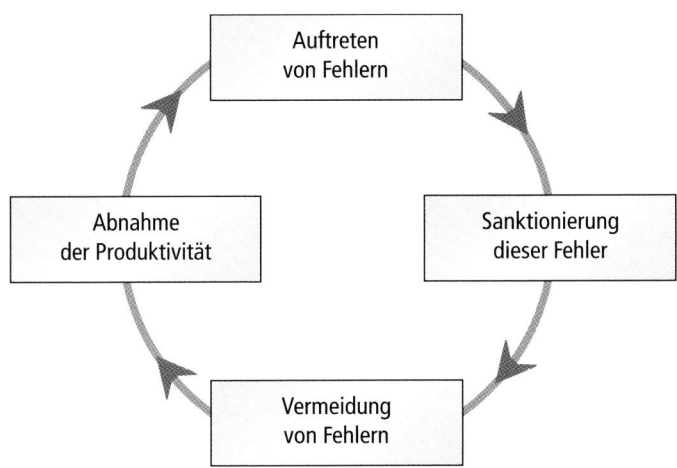

## Fehlermanagement in vier Schritten
Ein Team, das ein funktionierendes Fehlermanagement implementiert hat, geht offen und sachlich mit Dingen um, die falsch gelaufen sind. Bewährt haben sich vier Schritte:

**Schritt 1: Auswirkungen und Handlungsbedarf analysieren**
Sobald ein Teammitglied oder der Teamleiter einen Fehler erkannt haben, sollten die direkt Betroffenen und der verantwortliche Vorgesetzte informiert werden, damit eine gemeinsame Analyse der Folgen möglich ist. Wie sorgfältig die Konsequenzen geprüft werden, hängt natürlich davon ab, ob sie überschaubar oder von größerem Ausmaß sind. Bevor Sie nach Ursachen forschen oder Maßnahmen einleiten können, muss zunächst klar sein, was eine Fehlentscheidung nach sich zieht:

**Folgen untersuchen**
- Was ist genau schief gelaufen?
- Welche Bereiche der Einrichtung sind von dem Fehlverhalten betroffen?
- Wen müssen Sie über das Auftreten des Fehlers informieren?
- Welche Auswirkungen hat der Fehler?
- Von welchem Ausmaß sind die Folgewirkungen?
- Welche schädlichen Auswirkungen lassen sich eindämmen?
- Mit welchen Folgeproblemen ist zu rechnen?
- Welche sofortigen Korrekturmaßnahmen sind erforderlich?

**Handlungsbedarf ableiten**
Aus der Häufigkeit, mit der ein Fehler auftritt, einerseits, und der Schwere der Konsequenzen auf der anderen Seite ergibt sich folgender Handlungsbedarf:

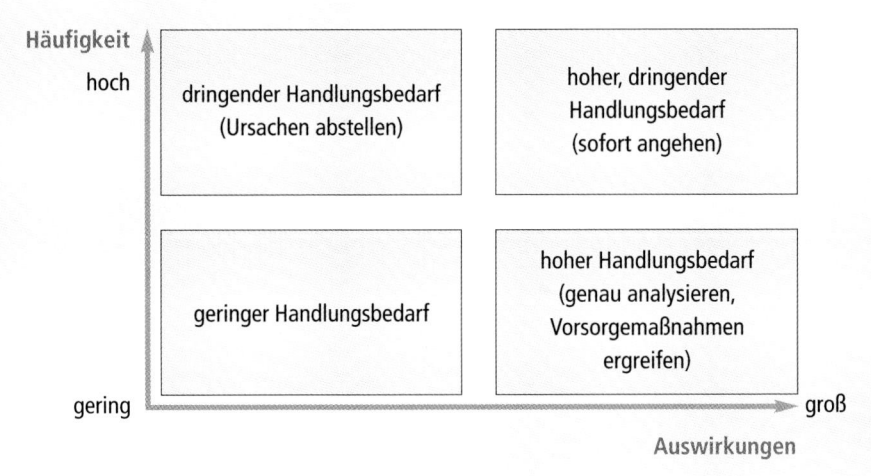

Es gibt somit Fehler, die ein sofortiges Eingreifen erfordern, aber auch solche, die bei nächster Gelegenheit im Team besprochen werden können.

## 14. Mit Fehlern umgehen

**Schritt 2: Nach den Ursachen fahnden**
Je gezielter Sie die Ursachen ergründen, desto besser können Sie diesen zukünftig begegnen und damit Fehler vermeiden oder zumindest ihr Auftreten verringern.

- Wo hat der Fehler seinen Anfang genommen?      **Gründe suchen**
- Wann und von wem wurde der Mangel bemerkt?
- Warum ist der Fehler aufgetreten?
- Warum ist er *jetzt* aufgetreten?
- Handelt es sich (wahrscheinlich) um einen einmaligen Fehler oder ist damit zu rechnen, dass er sich wiederholt?
- Warum ist er *schon wieder* vorgekommen?
- Welche Rahmenbedingungen haben zum Entstehen des Fehlers beigetragen?
- Lag eine Ursache in unklaren Kompetenzen?
- Fehlten Kontrollen?
- War die Arbeitsbelastung zu hoch?
- Gab es Probleme in der Kommunikation mit anderen?
- Waren mehrere Mitarbeiter daran beteiligt? Gab es Abstimmungsprobleme?
- Waren die Schnittstellen zwischen Personen nicht sauber definiert?
- Wenn ein einzelnes Teammitglied sich falsch verhalten hat, warum?
  - Aus Unkenntnis,
  - aufgrund von Unaufmerksamkeit und mangelnder Strukturierung,
  - wegen Über- oder Unterforderung,
  - bewusst?

**Liegen die Gründe, die zum Fehler geführt haben, (wahrscheinlich) in den Rahmenbedingungen, den Abläufen oder Absprachen, sollten Sie mit allen Betroffenen reden, liegt die Ursache (vermutlich) beim einzelnen Mitarbeiter, ist ein Gespräch unter vier Augen angemessener.**

### Schritt 3: Geeignete Maßnahmen durchführen
Wichtigste Anforderung an Schritte zur Fehlerbekämpfung ist ihre Wirksamkeit. Der Fehler kann einmal auftreten, ist vielleicht auch ein zweites Mal tolerierbar, spätestens dann müssen die Maßnahmen greifen. Rahmenbedingungen lassen sich ändern, Abläufe transparenter und stringenter gestalten.

**Betroffenes Teammitglied unterstützen**

Wird deutlich, dass ein einzelner Mitarbeiter durch sein Verhalten den Fehler verursacht hat, sollte der Teamleiter das Gespräch mit ihm suchen. Folgende Fragen bieten sich an:

**Unkenntnis**
- Welches Wissen fehlt dem Betroffenen?
- Wie kann er es sich aneignen?
- Welche Möglichkeiten der Fortbildung gibt es dafür?
- Können Kollegen ihn unterstützen?
- Kann er sich bei Bedarf an erfahrenere Teammitglieder wenden?
- Sollte der Mitarbeiter besser angeleitet werden?
- Sind mehr Kontrollen notwendig? Wie könnten diese aussehen?

**Unaufmerksamkeit und mangelnde Strukturierung**
- Wie kann das Teammitglied seine Arbeit besser organisieren?
- Wie kann der Beschäftigte Arbeitsabläufe präziser planen?
- Welche Zwischenergebnisse lassen sich definieren?
- Wie kann der Mitarbeiter diese Ergebnisse selbstständig kontrollieren?

**Überforderung, Unterforderung, Mangel an Motivation**
- Aus welchen Gründen ist der Mitarbeiter überfordert oder unterfordert?
- Welche Maßnahmen sind geeignet, dies abzustellen?
- Wo häufen sich Flüchtigkeitsfehler?
- Welche Aufgaben erledigt der Mitarbeiter gerne und gut?
- Bei welchen Arbeiten hat er Schwierigkeiten?
- Inwieweit hängen die Probleme mit mangelnder Motivation zusammen?

**Fehlverhalten**
- Welche Probleme gab es in letzter Zeit mit dem Teammitglied?
- Hat sich der Mitarbeiter zurückgezogen, ist er unzufrieden? Welche Gründe gibt es dafür?

## 14. Mit Fehlern umgehen

Bei den Maßnahmen, die Sie zur Vermeidung von Fehlern ergreifen, sollten Sie sich Gedanken über Kosten und Nutzen machen. Nicht alles lässt sich verhindern und nicht immer lohnt sich ein hoher Aufwand, um Fehler mit geringen Auswirkungen zu vermeiden.

### Schritt 4: Den Erfolg kontrollieren

Betreiben Sie in Ihrem Team ein systematisches Fehlermanagement. Halten Sie schriftlich fest, wann welche Fehler aufgetreten sind und was Sie dagegen unternommen haben. Kontrollieren Sie, ob die Maßnahmen greifen oder ob einzelne Fehler trotzdem weiterhin vorkommen. Überprüfen Sie in diesem Fall, ob die Maßnahmen konsequent genug umgesetzt wurden und ob es vielleicht andere, bisher verkannte Ursachen gibt.

### Eine Fehlerkultur schaffen

Der beschriebene konstruktive Umgang mit Fehlern ist nur in einer offenen Atmosphäre möglich, die es allen Teammitgliedern erlaubt, auch mal etwas falsch zu machen und dazu zu stehen. Eine solche Kultur können Sie bewusst unterstützen – nicht nur als Teamleiter:

- Reden Sie offen über das, was Sie falsch gemacht haben, und zeigen Sie Ihren Kollegen und Mitarbeitern, dass man aus Fehlern nur lernen kann, wenn man darüber spricht. Denken Sie an das Bonmot: *„Ich habe im Leben viele Fehler gemacht, aber jeden nur einmal."* **Für offenes Klima sorgen**
- Fordern Sie alle Teamkollegen auf, Ihnen offen und ehrlich die Meinung zu sagen. Lassen Sie Kritik nicht nur zu, sondern fördern Sie diese.
- Lachen Sie im Team auch mal über sich selbst, wenn Sie merken, dass Sie sich verrannt haben. Man muss nicht immer alles bierernst nehmen.
- Probieren Sie immer wieder etwas Neues aus, wer Erfahrungen sammelt, kann bessere Entscheidungen treffen.

Nur wer sich nicht bewegt, macht keine Fehler.

| Checkliste: Für eine positive Fehlerkultur sorgen | | o. k. |
|---|---|---|
| | ▪ Akzeptieren Sie Fehler als normal und unvermeidlich. | ☐ |
| | ▪ Zeigen Sie die positiven Seiten von Fehlern auf. | ☐ |
| | ▪ Regeln Sie den Umgang mit Fehlern. | ☐ |
| | ▪ Achten Sie auf die Einhaltung der Regeln. | ☐ |
| | ▪ Beachten Sie die vier Schritte im Umgang mit Fehlern. | ☐ |
| | ▪ Gehen Sie als Teamleiter mit gutem Beispiel voran. | ☐ |

## 15. Feedback nutzen

**Feedback ist Spiegel der Vertrauensbasis**

Die im vorangegangenen Kapitel erläuterte Fehlerkultur äußert sich unter anderem darin, wie die Mitglieder einer Arbeitsgruppe einander Rückmeldung geben – über Sachergebnisse wie über eigene Empfindungen. Zu einem konstruktiven Fehlermanagement gehört eine gute Feedbackkultur. Wie Feedback überhaupt ein Pfeiler gelungener Teamarbeit ist: Wenn wir nicht erfahren, was wir gut machen und wo wir noch besser werden müssen, können wir uns auch nicht entwickeln. Damit eine Gruppe arbeitsfähig ist, sollten sich die Mitglieder gegenseitig einschätzen können. Doch viele Menschen sind mit Rückmeldungen vorsichtig, weil sie nicht wissen, ob ihre Sicht richtig ist und wie diese beim anderen ankommt. Der Umgang mit Feedback ist ein Gradmesser dafür, wie ausgeprägt die Vertrauensbasis im Team ist.

Eine gute Feedbackkultur bedeutet Geben und Nehmen. Die Teammitglieder sollen ihre Meinung offen äußern und auf der anderen Seite empfänglich für konstruktive Kritik sein. Regelmäßige Feedbackschleifen, etwa am Ende wichtiger Besprechungen, fördern das Gruppenklima.

### Gezielt Feedback einholen

Der Anlass des Feedbacks bestimmt gleichzeitig die Methode. Normalerweise werden Sie Feedback im Gespräch einholen. Nur aufgrund solcher Rückmeldungen haben Sie die Chance, Ihr eigenes Verhalten zu hinterfragen und gegebenenfalls zu verbessern. Bei größeren Teams und umfangreicheren Fragestellungen eignen sich

## 15. Feedback nutzen

Moderationstechniken. Wer ernsthaft an der Meinung des anderen interessiert ist, sollte einige Feedbackregeln beachten:

1. **Hören Sie gut zu**
   Begehen Sie nicht den Fehler, Ihren Gesprächspartner zu unterbrechen, weil Sie glauben, Sie wüssten bereits, was er meint. Hören Sie sich stattdessen seine Eindrücke in Ruhe an und lassen Sie sie auf sich wirken. Sie müssen nicht sofort darauf reagieren. Schreiben Sie sich wichtige Punkte in Stichworten auf.

2. **Fragen Sie bei Unklarheiten nach**
   Indem Sie nachfragen, dokumentieren Sie Ihr Interesse an der Meinung Ihres Gegenübers, animieren den anderen zu reden und bekommen ein genaueres Bild. Besonders als Nachfragen geeignet sind offene Fragen, die meist mit einem W-Fragewort beginnen: Was meinen Sie genau damit? Wann haben Sie dies beobachtet? Wie kann ich dieses Verhalten verbessern?

3. **Vermeiden Sie Diskussionen**
   Denken Sie daran, dass andere Menschen eine andere Wahrnehmung haben und es sinnlos ist, darüber zu debattieren, wer Recht hat. Recht gibt es in der Wahrnehmung nicht. Versuchen Sie lieber herauszubekommen, wie Ihr Gegenüber zu seiner Einschätzung gelangt ist.

4. **Verfallen Sie nicht in eine Verteidigungshaltung**
   Verteidigen Sie sich nicht, denn erstens dient es nicht der Sache und zweitens erreichen Sie damit wahrscheinlich das Gegenteil von dem, was Sie anstreben: nämlich auch in Zukunft von diesem Kollegen oder Mitarbeiter ein ehrliches Feedback zu erhalten.

5. **Bedanken Sie sich für die Offenheit**
   Jemand anderem eine ehrliche Rückmeldung zu geben fällt vielen Menschen schwer. Seien Sie deshalb dankbar, wenn Sie ein solches Feedback bekommen und drücken Sie diesen Dank auch aus. Ihr Gegenüber wird sich freuen und eher bereit sein, Ihnen bei nächster Gelegenheit wieder seine Meinung anzuvertrauen.

**Rückmeldung empfangen**

Daueraufgabe: Förderung der Teamkultur

**Moderations-** In Workshops oder Seminaren, aber auch bei größeren Teamsit-
**methoden nutzen** zungen bieten sich Moderationstechniken an, um Feedback einzuholen. Dieses Vorgehen verhindert insbesondere eine starke Emotionalisierung der Diskussion. Als Moderator kann je nach Situation der Teamleiter, ein Teammitglied oder ein neutraler Dritter fungieren. Es gibt mehrere Möglichkeiten:

- **Punktabfrage**

    Hierzu benötigen Sie Klebepunkte und eine Pinnwand oder ein Flipchart. Der Moderator malt beispielsweise ein Barometer auf und schreibt dazu: „So fühle ich mich im Moment…" Dann lässt er die Teilnehmer punkten.

    Sie können auch mit einem zweidimensionalen Feld arbeiten. Dann schreiben Sie etwa an die x-Achse Arbeitsklima und an die y-Achse Arbeitsergebnisse. Die beiden Achsen erhalten zusätzlich die Bezeichnung niedrig/hoch. Jetzt können die Teilnehmer punkten.

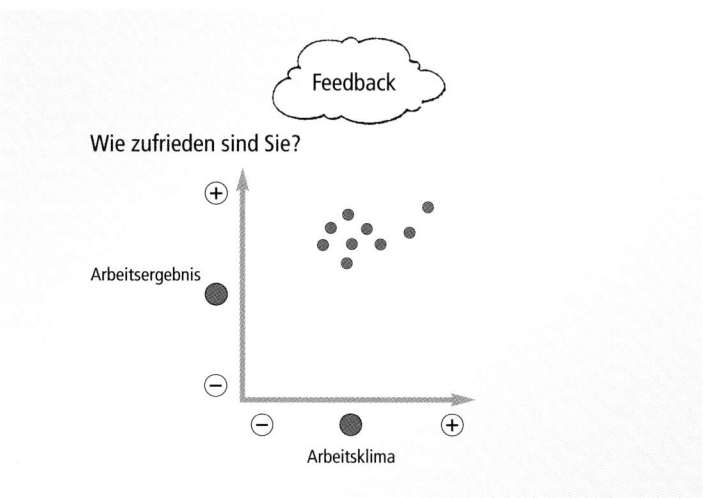

- **Zurufabfrage**

    Die Teilnehmer äußern ihre Meinung durch Zuruf. Der Moderator schreibt alles direkt auf das Flipchart oder auf Karten, die er anschließend an eine Stellwand heftet.

## 15. Feedback nutzen

Die Äußerungen erfolgen spontan. Sie werden weder kommentiert noch kritisiert. Zurufabfragen sind dann sinnvoll, wenn man schnell ein Meinungsbild haben möchte.

- **Kartenabfrage**
Bei dieser Methode schreiben die Teammitglieder ihre Meinung auf Karten. Der Moderator sammelt die Karten ein, liest sie vor und sortiert sie gemeinsam mit den Teilnehmern.

Die Kartenabfrage eignet sich sehr gut, um Probleme zu ermitteln. Ein Nachteil ist, dass sie relativ viel Zeit benötigt; 20 Minuten sind die Untergrenze.

- **Blitzlicht**
Beim Blitzlicht sagt jeder in der Runde nacheinander seine Meinung. Auch hier wird weder kommentiert noch kritisiert. Sie können die Aussagen auf einer Folie oder einem Flipchart festhalten.

### Konstruktiv Feedback geben
Es gibt einige Regeln, die Sie kennen und beachten sollten, wenn Sie anderen Ihre Einschätzung mitteilen, ganz gleich, ob dem Team insgesamt oder einzelnen Mitgliedern:

Dauearaufgabe: Förderung der Teamkultur

**Feedbackregeln beachten**

**1. Geben Sie Feedback auf der Basis eigener Beobachtungen**
Bevor Sie sich äußern, überlegen Sie:
- Was haben Sie beobachtet?
- Wann haben Sie dies beobachtet?
- Was genau haben Sie beobachtet?
- War der Vorfall einmalig oder hat er sich wiederholt?

**2. Seien Sie konkret**
Je genauer Sie Ihre Eindrücke wiedergeben, desto hilfreicher ist dies für die anderen. Formulierungen wie „Irgendwie habe ich seit Wochen das Gefühl …" nützen wenig, weil sie viel zu schwammig sind. Unangebracht sind erst recht pauschale Abwertungen.

**3. Geben Sie zeitnah Rückmeldung**
Feedback sollte immer so zeitnah wie möglich erfolgen, am besten in der Situation selbst, um wirksam zu sein. Wenn Ihnen etwas auffällt, ob positiv oder negativ, sprechen Sie es umgehend an.

**4. Geben Sie Feedback nur direkt, nicht über Dritte**
Lob, Anerkennung und Kritik geben Sie am besten selbst weiter. Das Feedback verliert an Bedeutung und Authentizität, wenn es durch Dritte vermittelt wird.

**5. Machen Sie die Subjektivität Ihrer Eindrücke deutlich**
Teilen Sie Ihre Wahrnehmungen als Wahrnehmungen, Ihre Vermutungen als Vermutungen und Ihre Gefühle als Gefühle mit. Machen Sie diese Unterscheidung auch sprachlich deutlich.

**6. Benutzen Sie immer die Ich-Form**
Eine Ich-Botschaft zeigt die Subjektivität Ihrer Wahrnehmung. Dagegen klagt die Sie-Form an und provoziert eine Abwehrhaltung.
**Statt:** *„Sie kommen wohl mit dem neuen Computerprogramm nicht zurecht."*
**Besser:** *„Ich habe den Eindruck, dass Sie Schwierigkeiten mit dem neuen Computerprogramm haben …"*

## 15. Feedback nutzen

**7. Zeigen Sie Vorteile auf**
Wenn Sie Kritik üben, sagen Sie nicht nur, was Sie beobachtet haben, sondern auch, was der Angesprochene Ihrer Meinung nach besser machen könnte.

*„Ich habe bemerkt, dass Sie sich bei Ihrer Präsentation häufig zur Wand gedreht haben. Was Sie gesagt haben, konnten wir im Plenum dann kaum noch verstehen. Vielleicht achten Sie darauf, sich mehr den Zuhörern zuzuwenden. Dann werden Sie besser verstanden und Ihre Präsentation wird zu einer runden Sache."*

**Beispiel**

**8. Hüten Sie sich vor Ironie und Sarkasmus**
Ironie und erst recht Sarkasmus sind nur sehr schwer zu verstehen. Allenfalls verunsichert dies Ihr Gegenüber so stark, dass der andere nicht mehr weiß, ob das Feedback nun ernst gemeint war oder nicht.

Für ein gutes Miteinander im Team gilt generell: Loben Sie Ihre Kollegen und Mitarbeiter häufiger, statt dauernd Kritik zu üben. Das motiviert und stärkt den Teamgeist. In vielen Unternehmen bedeutet Ausbleiben von Kritik leider oft genug schon Lob.

---

| | o. k. |
|---|---|
| **Wenn Sie Feedback erhalten:** | |
| ▪ Hören Sie konzentriert zu. | ☐ |
| ▪ Kommentieren Sie das Gesagte nicht. | ☐ |
| ▪ Fragen Sie im Zweifel nach. | ☐ |
| ▪ Beginnen Sie keine Diskussion. | ☐ |
| ▪ Verteidigen Sie sich nicht. | ☐ |
| ▪ Bedanken Sie sich. | ☐ |
| **Wenn Sie Feedback geben:** | |
| ▪ Beziehen Sie sich auf eigene Beobachtungen. | ☐ |
| ▪ Drücken Sie sich präzise aus. | ☐ |
| ▪ Geben Sie Feedback zeitnah. | ☐ |
| ▪ Verwenden Sie die Ich-Form. | ☐ |
| ▪ Kritisieren Sie konstruktiv, indem Sie positive Vorschläge machen. | ☐ |
| ▪ Vermeiden Sie ironische Formulierungen. | ☐ |

**Checkliste: Konstruktiv Feedback aufnehmen und mitteilen**

## 16. Veränderungen meistern

Bekanntlich ist nichts beständiger als der Wandel. Teams sind gegenüber Einzelkämpfern meistens im Vorteil, wenn es darum geht, sich flexibel auf Veränderungen einzustellen, weil sie das Know-how mehrerer Personen bündeln. Außerdem können sich die Gruppenmitglieder gegenseitig helfen, mit neuen Herausforderungen umzugehen. Zu einer guten Teamkultur gehört eine positive Einstellung gegenüber veränderten Anforderungen. Diese Grundhaltung muss allerdings nicht vorherrschen. Gerade Teams, die viel Wert auf Harmonie in der Mannschaft legen und ihre Zusammenarbeit in der Vordergrund stellen, neigen dazu, sich nach außen abzuschließen und eigenen Regeln zu folgen nach dem Motto: „Das haben wir immer so gemacht."

Wie kann der Teamleiter zusammen mit den innovationsfreudigen Kräften in der Gruppe solchen Tendenzen vorbeugen oder eine starre Haltung aufbrechen? Wie bringt man ein Team dazu, engagiert auch noch im vierten Projekt mitzumachen? Wie nimmt man den Mitgliedern die Scheu vor Veränderungsprozessen? – Denn der Wandel lässt sich letztlich weder ignorieren noch aufhalten, lediglich gestalten. Die Frage ist: unter welchen Mühen und gegen welche Widerstände?

### Widerstände gegenüber Veränderungen

Wer andere für Innovationen gewinnen will, muss immer mit Ablehnung rechnen. Dafür gibt es gewichtige Gründe:

1. **Das Bedürfnis nach Sicherheit und Bequemlichkeit**
   Viele Menschen wünschen sich ein sicheres und bequemes Leben. Was ungewohnt ist, wird daher oft mit Argwohn betrachtet, ja als Bedrohung empfunden, ganz unabhängig davon, um was es inhaltlich geht. Denken Sie an die Umstellung der Postleitzahlen, die Einführung des Euro oder die Rechtschreibreform. Auch die Reaktionen auf politische und soziale Reformen sind häufig reflexartig negativ. In der Arbeitswelt schaffen sich Mitarbeiter gern eine „Komfortzone" aus Routine und richten sich in ihr zufrieden ein.

**2. Unverständnis für Ziele und Nutzen der Änderung**
Wenn nicht klar ist, wohin die Reise gehen soll, lassen sich die Teammitglieder kaum mitnehmen. Die Mitarbeiter müssen verstehen, was mit der Innovation bezweckt wird – und welche Vorteile sie bringt. Sonst sehen sie vor allem mögliche negative Folgen wie Mehrarbeit oder verringerte Kompetenzen. Schwarzseher und Gerüchtestreuer haben in einer solchen Situation leichtes Spiel. Die Hauptfragen lauten: „Was soll das Ganze?"; „Was habe ich davon?". Hier hilft nur eine offensive Informationspolitik.

Eine reservierte Haltung gegenüber Veränderungen im Team ist völlig normal. Wichtig ist es, diese Widerstände frühzeitig zu erkennen und aktiv aufzugreifen. Wenn sich die Fronten erst einmal verhärtet haben, ist der geballten Ablehnung meist nur noch sehr schwer zu begegnen.

Achten Sie daher in Ihrer Gruppe auf die folgenden Anzeichen für offene oder versteckte Widerstände:

- Klatsch und Tratsch nehmen zu. Es kursieren Gerüchte über die „tatsächlichen" Ziele der Veränderungen.
- Auseinandersetzungen erfolgen nicht mehr sachlich, sondern spöttisch und ironisch.
- Das Team diskutiert nicht mehr offen. Die Kommunikation erfolgt auf „offiziellem" Weg über Memos und E-Mails mit umfangreichen Verteilern.
- Wichtige Informationen werden gar nicht mehr oder nur noch an bestimmte Personen weitergegeben.

**Widerstandssignale**

Wenn Sie eines dieser Signale wahrnehmen, versuchen Sie möglichst schnell herauszubekommen, was die Ursache ist und welcher Konflikt sich möglicherweise dahinter verbirgt. Melden Sie in einem solchen Fall als Teamverantwortlicher wie als betroffenes Gruppenmitglied Gesprächsbedarf an. Das geht allerdings nur, solange die Kommunikation noch funktioniert (siehe Kapitel 10) und Bedenken offen zur Sprache gebracht werden können. Nur wenn bei allen Beteiligten Kommunikationsbereitschaft besteht, lässt sich über Veränderungen reden (zum Konfliktmanagement siehe folgendes Hauptkapitel: Alltag). Nur dann kann der Teamleiter die Notwendigkeit der Veränderungen darstellen, die Vorteile herausheben und Bedenken ausräumen.

**Gehen Sie auf keinen Fall davon aus, dass Widerstände von alleine wieder verschwinden. Werden Sie sofort aktiv, wenn Sie Anzeichen von Ablehnung erkennen.**

Werden Bedenken nicht rechtzeitig aufgegriffen und zerstreut, können sie sehr schnell wachsen und zu Beziehungsschwierigkeiten, zu Parteienbildung und schließlich zur vollständigen Verhärtung von Positionen führen. Die Gruppenmitglieder nutzen dann ihre Energie nicht länger hauptsächlich zur Lösung von Sachproblemen, sondern verschwenden sie in negativen Gefühlen und zum Aufbau einer Abwehrhaltung. Das Ergebnis sind schwindende Motivation und im schlimmsten Fall sogar Resignation. Deshalb gilt vor allem für Teamleiter: Nehmen Sie Widerstände ernst!

**Ablehnung aktiv entgegenwirken**

- Betrachten Sie Widerstände nicht als lästige Blockade.
- Sorgen Sie für eine umfassende Information. Misstrauen können Sie am besten aus der Welt schaffen, wenn Sie Ihre Karten so offen wie möglich auf den Tisch legen.
- Schaffen Sie Vertrauen. Seien Sie verlässlich. Machen Sie keine Zusagen, die Sie nicht halten können oder nicht halten wollen. Denken Sie daran: Vertrauen aufzubauen kann sehr lange dauern. Vertrauen nachhaltig zu zerstören, das geht oft schnell.
- Geben Sie den Teammitgliedern Zeit, sich an die Veränderungen zu gewöhnen und sich mit ihnen auseinander zu setzen.
- Versuchen Sie herauszufinden, wodurch Widerstände entstehen. Denken Sie dabei nicht nur an sachliche Gründe, sondern auch an emotionale. Häufig werden Sachargumente nur vorgeschoben und die tatsächliche Ursache sind diffuse Ängste, die der Betroffene nicht präzise benennen kann oder will.
- Nehmen Sie sich Zeit, Befürchtungen im Team zu besprechen. Beschränken Sie sich dabei nicht auf eine Argumentation in der Sache, sondern berücksichtigen Sie mögliche Ängste von Teamkollegen.
- Stellen Sie das Positive veränderter Arbeitsbedingungen heraus.

Das grundlegende menschliche Bedürfnis nach Sicherheit und Überschaubarkeit lässt sich am leichtesten mithilfe eines anderen Motivs überwinden: dem Streben nach Anerkennung und Prestige. Hier können Sie als Teamleiter ansetzen. Bitten Sie Ihre Mitarbeiter, Kenntnisse und Erfahrungen einzubringen, um den maximalen Nutzen aus den Veränderungen zu ziehen.

**Bequemlichkeit mit Herausforderung begegnen**

*Sagen Sie etwa: „Bei der Gestaltung der Formulare gibt es noch einige Unklarheiten, bei denen uns Ihr Know-how weiterhelfen könnte" oder „Wir überlegen, ob wir folgende Änderungen vornehmen … und möchten dazu gerne Ihre Meinung als Fachmann hören".*

**Beispiel**

### Vier Veränderungsphasen
Viele Veränderungsprozesse durchlaufen bei der Umsetzung vier typische Stufen:

| | |
|---|---|
| **1. Phase: Euphorie** | Es gibt viel zu tun. Packen wir es an. |
| **2. Phase: Ernüchterung** | So schwierig hatten wir uns das aber nicht vorgestellt. |
| **3. Phase: Lernen** | So könnte es doch gehen. |
| **4. Phase: Gewöhnung** | Das machen wir jetzt immer so. |

Die kritische Stelle für einen erfolgreichen Wandel ist der Übergang von der Phase 2 in die Phase 3. Wenn dieser nicht gelingt, kann die Ernüchterung in Resignation umschlagen („Das klappt nie") und damit die ganze Umsetzung ins Stocken geraten. Den erfolgreichen Übergang können Sie vor allem durch eines gemeinsam sicherstellen: Schaffen Sie Erfolge!

Wenn eine größere Veränderung ansteht, vereinbaren Sie in Teamsitzungen zusammen Meilensteine, kleine Zwischenschritte auf dem Weg zum großen Ziel. Ist ein solcher Meilenstein erreicht, feiern Sie in der Gruppe dieses Ereignis. Allen Mitgliedern sollte der Stand eines Projektes stets bekannt sein. Der Teamleiter ist hier gehalten, auf Fortschritte hinzuweisen und das Engagement der Beteiligten zu loben. Meilensteine können auch ein „Versickern" des Umsetzungsprozesses verhindern – insbesondere bei Zielen, die weit in der Zukunft liegen.

**Erfolge schaffen**

Daueraufgabe: Förderung der Teamkultur

**Kreative Unruhe fördern**
Wenn es Ihnen gelungen ist, gemeinsam Ihre Komfortzone zu verlassen, sorgen Sie dafür, dass Sie es sich gar nicht erst wieder in einer neuen bequem machen. Etablieren Sie in Ihrem Arbeitsbereich eine Kultur des permanenten Wandels. Fördern Sie insbesondere als Teamleiter eine kreative Unruhe, indem Sie Ihre Mitarbeiter immer wieder auf neue Aspekte der Arbeit und der Zusammenarbeit hinweisen.

Achten Sie darauf, dass Sie nicht zu viele Baustellen auf einmal eröffnen. Denken Sie daran, dass das Team auch noch die tägliche Arbeit bewältigen muss.

**Checkliste: Mit Befürchtungen bei Veränderungen umgehen**

| Thematisieren Sie im Team folgende Ängste angesichts von Neuerungen: | o. k. |
|---|---|
| Befürchtungen, dass das Vorhaben zu viel Arbeit macht | ☐ |
| Befürchtungen, dass die zusätzliche Arbeit zu einer Überforderung führt | ☐ |
| Befürchtungen, dass die Ergebnisse nicht in Relation zum Aufwand stehen | ☐ |
| Befürchtungen, dass (wieder mal) nichts Vernünftiges aus dem Vorhaben wird | ☐ |
| Befürchtungen, dass persönliche Beziehungen zu Kollegen oder Vorgesetzten unter der Veränderung leiden | ☐ |
| Befürchtungen, dass die Veränderung zu einer Verringerung von Kompetenzen führt | ☐ |
| Befürchtungen, dass sich die Arbeitsbedingungen verschlechtern | ☐ |

# Alltag: Konfliktmanagement

Teams funktionieren nicht immer so, wie sie sollten. Das ist normal. Alle Probleme, die auftreten, wenn Menschen zusammen sind und zusammen arbeiten, kommen nun mal auch im Team vor, zum Teil sogar in verschärfter Weise, denn eine Arbeitsgruppe ist auf gute Kooperation angewiesen. Teamarbeit ist nicht jedermanns Sache und tatsächlich hat diese Arbeitsform auch Nachteile:

- Ein hohes Maß an Austausch und Abstimmung ist nötig, dies kostet Zeit. Vor langwierigen und langweiligen Besprechungen ist man nicht gefeit.
- Die enge Zusammenarbeit schafft schnell Reibungsverluste, wenn einzelne Persönlichkeiten schlecht miteinander harmonieren.
- Die Beteiligten müssen sich immer wieder mit anderen auseinander setzen und zuweilen mit Entscheidungen leben, die sie alleine so nicht getroffen hätten.

**Typische Nachteile von Teamarbeit**

Bedenken Sie, dass Meinungsverschiedenheiten und Unstimmigkeiten im Team natürlich sind, ja zur erfolgreichen Zusammenarbeit beitragen. Denn sie zwingen alle, sich intensiver mit strittigen Fragen zu beschäftigen. Das wirkt sich positiv auf die Qualität von wichtigen Entscheidungen aus. Eine Gruppe sollte nicht zu harmoniebedürftig sein und unterschiedliche Meinungen unter den Teppich kehren wollen. Wer sich nicht auseinander setzt, kann sich auch nicht wieder zusammenraufen – und das Gefühl erleben, gemeinsam problematische Situationen bewältigt zu haben.

## 17. Konflikten vorbeugen

**Konflikte betreffen die Beziehungsebene**

*Meinungsverschiedenheiten* finden zunächst auf der *Sachebene* statt. Dabei ist es gleichgültig, über welche Inhalte man streitet. Solche Meinungsverschiedenheiten werden im Team schnell dort auftauchen, wo es um den richtigen Weg zum Ziel geht. Sie sind gar nicht zu vermeiden. Allerdings sollten solche Auseinandersetzungen nicht ausarten. Denn wenn Diskussionen kein Ende nehmen und immer wieder dieselben Argumente wiederholt werden, wenn der Wille zur Einigung verloren geht und auch die Toleranz gegenüber anderen Meinungen, dann wird sich das über kurz oder lang negativ auf die Motivation der ganzen Gruppe auswirken. Ein *Konflikt* entsteht dann, wenn die Parteien im Groll auseinander gehen, wenn die *Beziehungsebene* in Mitleidenschaft gezogen wird, es zu Spannungen im emotionalen Bereich kommt. Verschiedene Faktoren spielen hier eine Rolle, die vor allem die Art und Weise betreffen, wie die Kontrahenten miteinander umgehen:

**Konfliktverstärker**

- Wie wichtig ist den Betroffenen, dass sie Recht behalten?
- Wie war das Verhältnis der Parteien vor der aktuellen Auseinandersetzung?
- Wie vehement war die Diskussion? Hat es persönliche Angriffe gegeben?
- Wie haben sich die Beteiligten nach der Auseinandersetzung zueinander verhalten?
- Gab es danach weitere Anlässe, die zu einem Schlagabtausch geführt haben?

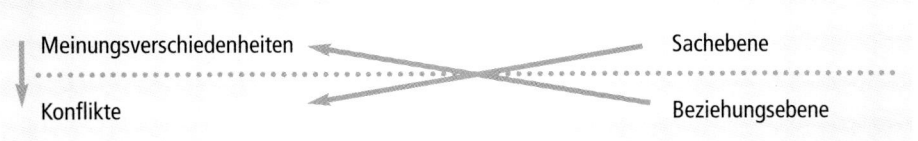

**Konfliktursachen**

Konflikte entstehen entweder aus einem schwerwiegenden, fast dramatischen Ereignis heraus, bei dem die Interessen der Parteien fundamental betroffen sind, oder sie schaukeln sich nach und nach hoch, weil zwei Teammitglieder immer wieder aneinander geraten. Es gibt auch den umgekehrten Fall: Die Beziehungsebene ist gestört, zwei Menschen verstehen sich nicht. Dann kann sich dies in Meinungsverschiedenheiten äußern – denn der „Gegner" darf nicht Recht bekommen. Auf Eskalationen muss das Team sofort reagieren und das problematische Geschehen zum Thema machen. Zwei Streithähne sollte sich der Teamleiter oder in seinem Auftrag ein Mitarbeiter, der sich aufs Schlichten versteht, einzeln vornehmen.

Meinungsverschiedenheiten arten dann eher aus, wenn immer wieder über Routinearbeiten gestritten wird, hingegen selten, wenn es sich um neue, komplexe Aufgaben handelt. Behalten Sie also zermürbende Dauerzwistigkeiten im Auge.

**Konflikte durch übertriebene Teamharmonie**

Schleichende Konflikte entwickeln sich da, wo offene Auseinandersetzungen tabuisiert sind. Viele Führungskräfte und auch Mitarbeiter verstehen unter Teamgeist oder Teamorientierung, dass immer alle Mitglieder gut miteinander auskommen und harmonisch auf das gemeinsame Ziel hinarbeiten. Das ist falsch! In einem gesunden Team gibt es auch Ärger und Frust. Die Vorstellungen, wie das Ziel zu erreichen ist, können voneinander abweichen. Die Art, wie ein Kollege sich verhält, kann den anderen nerven. Man rivalisiert auch gegeneinander, und manchmal stimmt ganz einfach die „Chemie" nicht.

**Diskussionsfreudiges Klima schaffen**

In einer offenen Atmosphäre werden solche Dinge frei ausgetragen. Das Team rauft sich letztlich immer wieder zusammen oder hält notfalls zu bestimmten Kollegen ein wenig Abstand. Warum auch nicht? Wenn jedoch Teamharmonie zur Pflicht wird, besteht die Gefahr, dass die Mitarbeiter, die eigentlich „auch mal streiten möchten", ihre negativen Gefühle hinter Masken verbergen. Jeder gibt sich freundlich und gut gelaunt. Hinter der Fassade schwelen jedoch Misstrauen, Neid und Ärger.

Der jeweilige Kontrahent wird bald nicht mehr als Kollege, sondern als „Feind" betrachtet. Mancher versucht sogar, dem anderen zu schaden. Das kann bis zur Sabotage an seiner Arbeit gehen (siehe Kapitel 21: Mobbing). Manchmal reicht dann ein lächerlicher Anlass, und schon ist ein Streit zwischen zwei Mitarbeitern entbrannt, der dem ganzen Team das Klima verdirbt. Dies muss der Teamleiter gemeinsam mit allen Gruppenmitgliedern unbedingt in den Griff bekommen.

**Stets die Beziehungsebene ansprechen**

Oft weiß man bei Konflikten, die schon längere Zeit existieren, nicht mehr, was Henne und was Ei ist, ob es zuerst Probleme auf der Beziehungs- oder auf der Sachebene gab. In beiden Fällen muss das Ziel sein, eine weitere Eskalation zu stoppen. Angegangen werden dürfen diese Schwierigkeiten jedoch niemals nur auf der Sachebene, auch wenn die Parteien gerne auf dieser Ebene argumentieren. Für eine tragfähige Lösung müssen die Kontrahenten bereit sein, auf den anderen zuzugehen, gemeinsam an einer Verbesserung der Beziehung zu arbeiten.

Konflikte lassen sich am ehesten vermeiden oder zumindest eindämmen, wenn man analysiert, warum sie entstanden sind. Gibt es beispielsweise immer wieder Probleme, weil Mitarbeiter sich unzureichend informiert fühlen, kann man gemeinsam überlegen, woran dies liegt und wie man es abstellen kann.

**Differenzen frühzeitig thematisieren**

Am besten ist es, mögliche Konfliktpotenziale in der Gruppe zu erörtern, Probleme frühzeitig anzusprechen und auch gemeinsam nach vorbeugenden Maßnahmen oder Lösungen zu suchen. Wenn Schwierigkeiten als etwas erlebt werden, worüber man offen und sachlich reden kann, bessert sich auch die Konfliktfähigkeit der Teammitglieder. Hier sollte der Vorgesetzte mit gutem Beispiel vorangehen.

> Ein gutes Team zeigt sich gerade auch darin, dass es Spannungen früh genug erkennt, bevor handfeste Auseinandersetzungen und Konflikte daraus entstehen. Darin, dass man Verantwortung für die gemeinsame Arbeit übernimmt.

Um ernsthaften Streitigkeiten im Team vorzubeugen, prüfen Sie an dieser Stelle, ob die bisher behandelten Voraussetzungen für ein gutes Mannschaftsspiel bei Ihnen (noch) vorhanden sind.

|  | Ja | Nein | **Checkliste:** |
|---|---|---|---|
| ▪ Gibt es gemeinsame Spielregeln, an die sich alle halten? | ☐ | ☐ | **Gutes Teamplay,** |
| ▪ Orientieren Sie sich an gemeinsamen Zielen? | ☐ | ☐ | **um Konflikten** |
| ▪ Weiß jeder, wofür er zuständig ist? | ☐ | ☐ | **vorzubeugen** |
| ▪ Sind alle Teammitglieder ausreichend informiert? | ☐ | ☐ | |
| ▪ Achten Sie auf eine gute Kommunikation? | ☐ | ☐ | |
| ▪ Werden Entscheidungen zusammen getroffen? | ☐ | ☐ | |
| ▪ Werden Probleme zeitnah angesprochen? | ☐ | ☐ | |
| ▪ Sind alle motiviert bei der Sache? | ☐ | ☐ | |
| ▪ Gibt es eine Fehlerkultur? | ☐ | ☐ | |
| ▪ Nehmen die Beteiligten Neues mit Interesse auf? | ☐ | ☐ | |

# 18. Spannungen erkennen

Konflikte im Team kommen nicht aus heiterem Himmel. Sie entwickeln sich, bahnen sich meist über einen längeren Zeitraum an, bevor sie als Belastung spürbar werden. Offene Aggressionen, Streitereien und Machtkämpfe haben schon eine Geschichte hinter sich.

Aus zwei Gründen ist es wichtig, Konflikte in einem möglichst frühen Stadium wahrzunehmen:
- Erstens lassen sie sich in der Anfangsphase leichter bearbeiten.
- Zweitens binden sie nicht zu viele Energien der Konfliktpartner, wenn sie noch nicht eskaliert sind.

**Wichtig:
Differenzen
rechtzeitig
bemerken**

Achten Sie also auf Signale, die Probleme im Team ankündigen. Oft fängt alles ganz harmlos an. Der Umgangston ändert sich, man redet nicht mehr offen miteinander, gibt Informationen nicht weiter. Auf der nächsten Stufe kommen dann Sticheleien, Tratsch und üble Nachrede hinzu. Folgende Verhaltensweisen von Teammitgliedern deuten auf heraufziehenden Unfrieden hin:
- Einige Kollegen lassen andere nicht zu Wort kommen.
- Auf die Beiträge mancher Mitarbeiter folgt ostentatives Schweigen.
- Themen werden in der Gruppe zerredet.
- Bei Diskussionen fallen sich die Gesprächspartner dauernd ins Wort.

**Anzeichen für
Zwistigkeiten**

## Alltag: Konfliktmanagement

- Abfällige Äußerungen machen häufig die Runde.
- Mitglieder kommentieren ironisch, was andere sagen.
- Schuldzuweisungen häufen sich.

Anlass, darüber nachzudenken, ob sich möglicherweise Probleme im Team anbahnen, sind erst einmal Äußerungen von Gruppenmitgliedern, selbst Bemerkungen, die im Nebensatz oder halblaut fallen. Nehmen Sie diese ernst. Fragen Sie nach, erkunden Sie, ob es sich um eine Einzelmeinung handelt oder ob mehr dahinter steckt.

Vielfach kann man durch bloße Beobachtung erkennen, dass der Teamgeist und die Harmonie in der Gruppe leiden. Offensichtlich ist dies an zwei Dingen, die gleichsam zwei Seiten einer Medaille darstellen: zunehmende Reibereien und eine wachsende resignative Stimmung.

**Reibereien** Streitigkeiten zeigen sich etwa in nachstehenden Punkten:
- Diskussionen um Maßnahmen oder Lösungen enden immer öfter ohne konkrete Ergebnisse.
- Die Mitarbeiter kaprizieren sich darauf, wer Recht hat und wer Unrecht.
- Der Ton in Auseinandersetzungen wird schärfer.
- Es fallen abschätzige Bemerkungen.

**Resignation** Resignation offenbart folgendes Verhalten:
- Es wird das gemacht, was gemacht werden muss. Eigeninitiative spielt kaum noch eine Rolle.
- Das Interesse für alles, was nicht die eigentliche Arbeit betrifft, schwindet.
- In Gruppentreffen sind viele auffällig still, beteiligen sich nicht, wirken genervt.

Wohlgemerkt, dies können alles Anzeichen für Konflikte sein. Sie müssen es aber nicht. Ob sie es wirklich sind und welche Probleme sich dahinter verbergen, will jeweils ermittelt sein.

Mithilfe der folgenden Umfrage können Sie überprüfen, ob die Gefahr besteht, dass in Ihrem Team Konflikte existieren. Geben Sie den Fragebogen an Ihre Kollegen und Mitarbeiter weiter.

## 18. Spannungen erkennen

**Einige Fragen sind etwas heikel. Vielleicht führen Sie die Befragung deshalb anonym durch.**

Es müssen nicht unbedingt alle Teammitglieder teilnehmen, einige Freiwillige reichen vielleicht schon, um ein Stimmungsbild zu erhalten. Allerdings sollten diese Personen keinen Grüppchen angehören, die bestimmte Interessen verfolgen.

**Wie beurteilen Sie das Arbeitsklima?**  
Lesen Sie die folgenden Sätze in Ruhe durch und entscheiden Sie jeweils: Trifft die Aussage zu oder nicht?

**Stimmungstest**

| | stimmt<br>1 | stimmt<br>teilweise<br>2 | stimmt<br>nicht<br>3 |
|---|---|---|---|
| Wichtige Informationen erfahren wir oft spät oder gar nicht. | ☐ | ☐ | ☐ |
| Bei uns herrscht starker Konkurrenzdruck – wer hinaufwill, muss seine Ellenbogen einsetzen. | ☐ | ☐ | ☐ |
| Wir sind eigentlich ständig Stress ausgesetzt: Zeitdruck, Unterbesetzung, zu hohe Anforderungen, permanente Störungen oder Ähnliches. | ☐ | ☐ | ☐ |
| Private Kontakte zwischen Kollegen zählen eher zur Ausnahme. | ☐ | ☐ | ☐ |
| Bei uns gibt es – trotz Teamarbeit – starke Hierarchien. Eigenverantwortliches Handeln ist nicht gefragt. | ☐ | ☐ | ☐ |
| Konflikte werden in der täglichen Zusammenarbeit oft unter den Teppich gekehrt. Keiner fühlt sich zuständig, Schwierigkeiten anzupacken. | ☐ | ☐ | ☐ |
| Viele Mitarbeiter sind frustriert und hoffen, möglichst schnell eine andere Stelle zu finden. | ☐ | ☐ | ☐ |
| In den letzten zwölf Monaten gab es eine Umwälzung, auf die die Mitarbeiter kaum oder nicht genügend vorbereitet waren. | ☐ | ☐ | ☐ |
| Das Team ist gespalten in einzelne Koalitionen. Die Grüppchen tauschen sich untereinander kaum aus. | ☐ | ☐ | ☐ |

Alltag: Konfliktmanagement

|  | stimmt 1 | stimmt teilweise 2 | stimmt nicht 3 |
|---|---|---|---|
| Im letzten Jahr ist es mindestens einmal vorgekommen, dass ein Mitarbeiter gekündigt hat oder versetzt wurde, weil er mit dem Team angeblich nicht zurechtkam. | ☐ | ☐ | ☐ |
| Gerüchte und Tuscheleien gehören zur Tagesordnung. Offene Gespräche finden kaum statt. | ☐ | ☐ | ☐ |
| Wir sind in einer schwierigen Situation. Der Druck von außen auf unsere Arbeitseinheit ist groß. | ☐ | ☐ | ☐ |
| Wenn jemand bei uns einen Fehler macht, sorgen bestimmte Kollegen dafür, dass die Vorgesetzten sofort davon erfahren. | ☐ | ☐ | ☐ |
| Intrigen und Neid sind bei uns weit verbreitet. | ☐ | ☐ | ☐ |
| Einige Männer in unserem Team scheinen von Kolleginnen wenig zu halten, was sie beispielsweise mit geringschätzigen Blicken, Äußerungen oder zweideutigen Bemerkungen deutlich machen. | ☐ | ☐ | ☐ |
| Die Arbeitsaufgaben sind oft nicht klar definiert. Keiner weiß so recht, was er tun bzw. wie er sich verhalten soll. | ☐ | ☐ | ☐ |

**Auswertung**   **1 bis 16 Punkte:**
Mit dem Arbeitsklima dürfen Sie zufrieden sein. Die positive Stimmung scheint die meiste Zeit zu überwiegen. Kleine Spannungen sind im Arbeitsleben unvermeidlich und kein Grund zur Sorge, solange man sie nicht ignoriert, sondern aufmerksam verfolgt, wie sich die Dinge entwickeln. Mögliche Probleme, die Sie im Test aufgespürt haben, lassen sich wahrscheinlich leicht aus der Welt schaffen.

**17 bis 32 Punkte:**
In Ihrem Team zu arbeiten ist offenbar kein reines Vergnügen. Viele Reibungs- und Konfliktpunkte tauchen auf. Regen Sie – wenn möglich – Verbesserungen an. Machen Sie sich gemeinsam an die Entschärfung des Konfliktpotenzials.

## 18. Spannungen erkennen

**33 bis 48 Punkte:**
Alarmstufe Rot! Die Stimmung in Ihrem Team ist offensichtlich äußerst gespannt. Dass es in diesem Arbeitsklima zu Aggressionen und verdeckten Konflikten kommt, ist unvermeidlich. Gehen Sie die Probleme umgehend und mit Nachdruck an. Überlegen Sie, ob Sie sich professionelle Hilfe von außen holen wollen.

Stellen Sie Mängel fest, müssen Sie nach den Ursachen fragen:
- Warum klappt die Kommunikation nicht mehr so wie früher?
- Woran liegt es, dass immer wieder Pannen vorkommen?
- Warum werden bestimmte Informationen nicht weitergegeben?

Konflikte bauen sich langsam auf, durchlaufen mehrere Stufen. Auch wenn der obige Stimmungstest im Großen und Ganzen positiv ausgefallen ist, lohnt es sich, auf schleichende Veränderungen zu achten.

| Stufe 1 | Veränderungen sichtbar | alles in Ordnung | Checkliste: Anzeichen für Konflikte im Team |
|---|---|---|---|
| Art der Begrüßung | | | |
| Vermeiden von Blickkontakt, Abwendung | ☐ | ☐ | |
| veränderter Umgangston | ☐ | ☐ | |
| **Stufe 2** | | | |
| Fernbleiben bei geselligen Veranstaltungen | ☐ | ☐ | |
| Vermeiden von Kontakt | ☐ | ☐ | |
| Misstrauen | ☐ | ☐ | |
| Vereinzelung in Pausen | ☐ | ☐ | |
| Grüppchenbildung | ☐ | ☐ | |
| abnehmende Kommunikation | ☐ | ☐ | |
| Vorenthalten von Informationen | ☐ | ☐ | |
| **Stufe 3** | | | |
| Misstrauen | ☐ | ☐ | |
| Verärgerung | ☐ | ☐ | |
| unsachliche Kritik | ☐ | ☐ | |
| Tratsch und Klatsch | ☐ | ☐ | |
| Sticheleien | ☐ | ☐ | |
| Schuldzuweisungen | ☐ | ☐ | |

| Stufe 4 | Veränderungen sichtbar | alles in Ordnung |
|---|---|---|
| Parteienbildung | ☐ | ☐ |
| Pflegen von Vorurteilen | ☐ | ☐ |
| Üble Nachrede | ☐ | ☐ |
| Häufung von Beschwerden | ☐ | ☐ |
| Streit | ☐ | ☐ |
| Intrigen | ☐ | ☐ |
| Verleumdungen | ☐ | ☐ |

## 19. Nach Ursachen forschen

**Anlass und Ursache unterscheiden**

Jedes Problem im zwischenmenschlichen Bereich hat einen *Anlass* und eine *Ursache*. Der Anlass kann mehr oder weniger banal sein – ein Missverständnis, eine unglückliche Bemerkung –, die Reaktion darauf mag übertrieben erscheinen. Die Ursache liegt meist tiefer. Deshalb ist ein erster, wesentlicher Schritt beim Umgang mit Konflikten die Analyse der Hintergründe. Fragen Sie nach dem *Warum*. Sie werden schnell auf die Vorgeschichte der aktuellen Probleme stoßen. Diese Vorgeschichte kann sehr lang und sehr verwoben sein. Die Fronten können sich schon verhärtet haben.

Je vertrackter die Situation, desto wichtiger ist die Analyse der Konfliktursachen. Denn es hilft meist wenig, an der aktuellen Auseinandersetzung herumzudoktern, ohne zum Kern vorzustoßen. Leider gibt es sehr viele mögliche Ursachen für zwischenmenschliche Probleme, sodass die Suche nicht immer einfach ist. Generell lassen sich vier verschiedene *Ursachenkomplexe* unterscheiden, die immer die Beziehungsebene zwischen Personen betreffen:

**Vier typische Konfliktlagen**

- Persönliche Probleme eines Teammitglieds wirken sich auf die anderen Beteiligten aus.
- Zwei oder mehrere Mitarbeiter haben Schwierigkeiten miteinander und suchen Unterstützung bei Gleichgesinnten.
- Es bilden sich Cliquen, die die Gruppe zu sprengen drohen.
- Probleme zwischen Gruppen binden die Energie eines Teams unnötig.

## 19. Nach Ursachen forschen

Wenn sich Konflikte aus der Arbeitssituation ergeben, vermengen sich leicht persönliche und „sachliche" Ursachen. Das gilt für
- Zielkonflikte (unterschiedliche Zielvorstellungen),
- Interessenkonflikte (unterschiedliche Bedürfnisse),
- Verteilungskonflikte (ungleichmäßige Verteilung von Ressourcen).

**„Sachlich" bedingte Konflikte**

Meinungsunterschiede in Sachfragen können hier in persönliche Differenzen umschlagen oder die fachlichen Aspekte sind lediglich vorgeschoben – die Ursache liegt in der Beziehung.

Letztlich lassen sich nahezu alle Ursachenbündel darauf zurückführen, dass es „menschelt, wo Menschen arbeiten".
Jeder Mensch ist anders, jeder hat sympathische und weniger sympathische Züge. Und in der Regel hat man sich seine Kollegen ja nicht selber ausgesucht, sondern muss mit ihnen zusammenarbeiten. An erster Stelle sind Streitigkeiten daher begründet in unterschiedlichen Charakteren, Einstellungen oder Gewohnheiten, gegensätzlichen Eigenschaften oder Verhaltensweisen.

**Konfliktgrund Nummer eins: unverträgliche Charaktere**

- Welcher Menschenschlag bringt Sie am ehesten auf die Palme? Entwerfen Sie Ihre Hitliste der schwierigsten Zeitgenossen. Was ist diesen Typen gemeinsam? Schreiben Sie es in Stichwörtern auf.
- Schätzen Sie sich selbst ein hinsichtlich der Eigenschaften, die Ihnen „über die Hutschnur gehen". Erkennen Sie Gegensätze oder vielleicht sogar Ähnlichkeiten, Dinge, die Sie an sich selbst hassen?
- Wenn Sie sich bewusst machen, was Sie an anderen stört und wie Sie in bestimmten Situationen reagieren, haben Sie schon ein gutes Stück dazu geleistet, künftig gelassener mit den Eigenheiten anderer umzugehen.

**Test: Welche Typen nerven Sie?**

Es ist eine Illusion zu glauben, alle Mitarbeiter leisteten gleich viel und hätten dieselbe positive Haltung zur Arbeit. Es gibt nun mal in jedem Unternehmen und auch in jedem Team Leute, die sich besonders engagieren und bereit sind, schon mal die eine oder andere Zusatzaufgabe zu übernehmen oder Stunden ihrer Freizeit zu opfern. Ihnen macht die Arbeit Spaß, sie sehen sie als Aufgabe, identifizieren sich mit ihr. Andere haben mehr den Aufwand und den Nutzen im Sinn. Auch sie bringen sich ein, wollen dann aber wissen, was sie davon haben: Mehrleistung gegen mehr Geld oder bes-

**Problem Leistungseinstellung**

sere Karrierechancen. Eine dritte Gruppe sieht die Arbeit als Job. Diese Menschen haben andere Interessenschwerpunkte, für sie ist der Beruf lediglich eine gute Möglichkeit, sich finanziell abzusichern. Von ihnen kann man kein großes Engagement erwarten, sie versuchen sich als Minimalisten nach dem Motto: „Wie kann ich mit wenig Aufwand den Job machen, ohne dass ich dabei negativ auffalle?"

Solche unterschiedlichen Einstellungen bergen Sprengstoff für jedes Team in sich.

Nun kann man natürlich versuchen, Teams homogen zu halten, möglichst nur Leistungsträger einzubinden. Dies ist in der Realität aber kaum zu schaffen, zudem sich die Akzente bei einzelnen Mitarbeitern im Laufe der Zeit verlagern können: Ein Beschäftigter ist vielleicht frustriert, dass die Karriere doch nicht so schnell vorangeht, wie er es sich gedacht hat, ein anderer möchte Zeit für seine Kinder haben.

Menschen sind verschieden. Das führt zwangsläufig zu Differenzen. Verhindern lassen sich Konflikte daher nie ganz, wohl aber bewältigen, indem man sie konstruktiv angeht.

| Checkliste: Anlässe und Ursachen für Konflikte in Teams | | |
|---|---|---|
| | Aktuelle Situation | Was beobachte ich? |
| | Hintergrund | Warum ist das so? |
| | Vorgeschichte | Was ist vorher passiert? |
| | Ursachen | Wie ist der Konflikt entstanden? |

## 20. Konflikte angehen

Zunächst: Vorübergehende Störungen sind kein Grund, gleich mit strengen Maßnahmen zu antworten, etwa die Zusammenarbeit gänzlich infrage zu stellen oder alle zur Schulung zu schicken. Auch in einem Team kann nicht immer eitel Sonnenschein herrschen und die Mitarbeiter sollten dies wissen und verstehen. Außerdem kann man auf die Kräfte im Team vertrauen, die selbst an einer guten Arbeitsatmosphäre interessiert sind.

Das ist allerdings kein Plädoyer dafür, die Hände in den Schoß zu legen und abzuwarten. Wobei jeder im Team Verantwortung für eine gute Zusammenarbeit übernehmen sollte. Bei Konflikten ist aber vor allem der Teamleiter gefragt. Er sollte wissen, wann und wie er interveniert. Tauchen Probleme auf, lohnt es sich, erst einmal folgende Maßnahmen auszuprobieren:

**Mögliche Deeskalation in der Anfangsphase**
1. Reduzieren Sie die Häufigkeit der gemeinsamen Treffen für eine Weile. Gesunder Abstand kann die Gemüter beruhigen. „Aus den Augen, aus dem Sinn." Wenn die Teammitglieder sich seltener sehen und einigen müssen, hören sie schneller damit auf, negative Gefühle und Gedanken gegeneinander zu wälzen.
2. Ermöglichen Sie einzelnen Mitarbeitern den individuellen Rückzug in streng abgetrennte Aufgabengebiete. Grenzen Sie ganz klar ab, wer wofür zuständig ist, wer welche Verantwortungen übernimmt. So kann sich jeder auf seine Sache konzentrieren und muss sich nicht durch Reibereien mit Kollegen immer wieder aufs Neue ärgern.
3. Wenn sich der Abstand langsam positiv auswirkt, sollten Sie dem Team einen gemeinsamen, gut sichtbaren Erfolg ermöglichen.
4. Stellen Sie fest, ob es in Ihrem Team eine bestimmte Person gibt, die immer wieder im Zentrum von Konflikten steht. Dabei geht es nicht um Schuld! Vielleicht provoziert der Betreffende gar nicht aktiv, hat jedoch etwas an sich, was die anderen reizt. Oder er schürt unmerklich Missstimmungen. Sprechen Sie (als Teamleiter) mit dem Mitarbeiter, geben Sie ihm offenes Feedback, was Sie wahrgenommen haben, und helfen Sie ihm, vielleicht auch mit einem anderen Aufgabenfeld.

5. Wenn sich die ersten positiven Effekte bei der Heilung der „Teamkrankheit" zeigen, sollten Sie noch einmal alle zusammen die Spielregeln neu definieren.

Oft wird die Gruppe danach recht schnell wieder zu einem gesunden Leistungsteam zurückfinden, weil im Grunde jeder Einzelne das Gleiche will: gute Leistungen und Kollegialität.

### Konfliktentfaltung

Obwohl viele Konflikte bekannt sind, werden sie leider nicht immer behandelt. Eine trügerische Hoffnung („Das legt sich schon wieder!") oder auch Befürchtungen, die Betroffenen würden eingeschnappt oder aggressiv reagieren, verhindern häufig, dass Spannungen schon in der Anfangsphase bekämpft werden. Man verlegt sich auf Ausweichstrategien wie Verdrängen oder Aussitzen. Dann passiert meistens das Gegenteil von dem, was man erreichen wollte: Die Situation eskaliert.

**Dauerkonflikt: „Teamkrankheit"**
Von „Teamkrankheiten" sprechen wir, wenn sich durch neurotische Rollenbesetzungen dauerhafte Störungen festgesetzt haben. Das Leistungsniveau sinkt. Gute Leute versuchen, die Gruppe zu verlassen. Die Zusammenarbeit ist von Misstrauen geprägt und macht keinen Spaß mehr. Bleiben „Teamkrankheiten" unbehandelt, stellen sich Phänomene wie Mobbing, Intrigen, Krankfeiern und Sabotage ein.

**Konfliktentwicklung in fünf Schritten**
Konflikte entwickeln sich meist in fünf Stufen:
1. **Spannungen entstehen.**
   Grund sind unterschiedliche Einstellungen, Gewohnheiten, Meinungen oder Einschätzungen.

2. **Es kommt zu einer Polarisierung.**
   Jeder hält starr an seiner Position fest, andere Standpunkte sind nicht akzeptabel.

3. **Die Parteien gehen auf Konfrontationskurs.**
   Wichtig ist nun in erster Linie, wer Recht hat. Die Auseinandersetzung gewinnt an Schärfe.

**4. Koalitionen von Gleichgesinnten bilden sich.**
Man redet nicht mehr miteinander, sondern übereinander, versucht, die Ansichten und das Verhalten des Gegners als unmöglich, lächerlich, unverschämt und schändlich abzutun.

**5. Der offene Konflikt bricht aus.**
Der Ton wird rauer, man versucht dem anderen zu schaden.

Was können Sie im Team auf den einzelnen Stufen tun, um den Konflikt zu entschärfen?

**Gegensteuern in verschiedenen Konfliktphasen**

- **Spannungen:** Versuchen Sie die Parteien im Kontakt zu halten. Machen Sie ihnen klar, dass Unterschiede in Meinungen und im Verhalten normal sind, teilweise sogar wünschenswert. Verdeutlichen Sie die gemeinsamen Ziele und Interessen.

- **Polarisierung:** Bringen Sie die Konfliktgegner wieder miteinander ins Gespräch. Zeigen Sie ihnen auf, welche Folgen ihr Verhalten haben kann.

- **Konfrontation:** Führen Sie Einzelgespräche mit den Kontrahenten. (Dies ist vorrangig Aufgabe des Teamleiters, kann aber auch von einem integren, einfühlsamen Kollegen übernommen werden.) Fragen Sie nach den Ursachen und Hintergründen der starren Haltung, die die Betroffenen an den Tag legen. Machen Sie deutlich, dass Sie ein Einlenken erwarten. Lassen Sie die Beteiligten dazu Vorschläge entwickeln.

- **Koalitionen:** Sagen Sie als Verantwortlicher unmissverständlich vor der ganzen Gruppe, dass Ihrer Meinung nach zu viel Energie und Zeit in den Konflikt fließt, dass Sie weitere Diskriminierungen und das Werben um Mitstreiter nicht dulden werden und ein Ende der Auseinandersetzung erwarten.

- **Offener Konflikt:** Hat die Eskalation diese Stufe erreicht, bleibt Ihnen nichts anderes übrig, als den Konflikt gezielt schrittweise zu lösen.

## Systematische Konfliktbearbeitung

**Bedingung: Einigungsinteresse**

Ein Konflikt im Team kann nur dann gelöst werden, wenn die Bereitschaft der Parteien dazu vorhanden ist. Sind die Beteiligten nicht an einer Einigung interessiert, wird diese auch nicht gelingen. Die Gegner müssen
- eine Lösung anstreben,
- den Konflikt ernst nehmen,
- die Partner akzeptieren,
- das Gespräch suchen und
- kompromissfähig sein.

Fragen Sie sich in der Gruppe: Ziehen die Parteien Vorteile daraus, dass der Konflikt weiter besteht? Konflikte können für den Einzelnen durchaus günstig sein:

**Individuelle „Vorteile" des Konflikts**

- Ein „Gegner" verstärkt die Solidarität unter den Gleichgesinnten, die die Kontrahenten um sich geschart haben.
- Dem anderen „eins auswischen" kommt einem Sieg gleich, für den es Anerkennung gibt.
- Manche Persönlichkeiten leben nach der Devise: „Viel Feind, viel Ehr." Und fühlen sich wohl im Konflikt mit anderen.

**Konfliktstile erkennen**

Menschen gehen mit Konflikten unterschiedlich um: Viele weichen Schwierigkeiten lieber aus, einige suchen Kompromisse und andere die bewusste Konfrontation, um eigene Interessen durchzusetzen. Wenn Sie in Ihrem Team Differenzen ausgleichen wollen, ist es hilfreich, solche Konfliktstile zu kennen, um gezielt darauf eingehen zu können. Machen Sie in der Gruppe den nachfolgenden Test.

# 20. Konflikte angehen

**Was für ein Konflikttyp sind Sie?**  **Persönlichkeitstest**

| | eher ja | eher nein | |
|---|---|---|---|
| 1. Es kann nur immer einer das Sagen haben. | ☐ | ☐ | A |
| 2. Bevor ich mich an die Lösung eines Problems mache, analysiere ich erst mal die Ursachen. | ☐ | ☐ | D |
| 3. Schwierigkeiten versuche ich zu vermeiden. | ☐ | ☐ | B |
| 4. Bei Verhandlungen muss man aufeinander zugehen. | ☐ | ☐ | C |
| 5. In Streitigkeiten geht es nicht darum, wer Recht hat, sondern was die beste Lösung ist. | ☐ | ☐ | D |
| 6. Ich bin immer zu einem Kompromiss bereit. | ☐ | ☐ | C |
| 7. Ich beschwere mich selten. | ☐ | ☐ | B |
| 8. Ich komme mit aggressiven Menschen schlecht zurecht. | ☐ | ☐ | B |
| 9. Ich gehe bei Problemen auf andere zu. | ☐ | ☐ | C |
| 10. Oft kann man nach Auseinandersetzungen sogar besser zusammenarbeiten. | ☐ | ☐ | D |
| 11. Recht zu haben ist mir nicht so wichtig. | ☐ | ☐ | B |
| 12. Meist setzt sich doch der Stärkere durch. | ☐ | ☐ | A |
| 13. Bei Konflikten sollten sich beide Parteien aufeinander zubewegen. | ☐ | ☐ | C |
| 14. In Auseinandersetzungen sollte es keine Verlierer geben. | ☐ | ☐ | D |
| 15. Wenn ich etwas will, versuche ich es auch durchzusetzen. | ☐ | ☐ | A |
| 16. Für mich zählt in erster Linie der Erfolg. | ☐ | ☐ | D |
| 17. Man sollte sich bei Problemen immer um eine sachliche Lösung bemühen. | ☐ | ☐ | C |
| 18. Auseinandersetzungen versuche ich zu vermeiden. | ☐ | ☐ | B |
| 19. Wer auf seinem Standpunkt beharrt, kommt nie zu einer vernünftigen Lösung. | ☐ | ☐ | C |
| 20. Ich achte darauf, dass ich möglichst immer zu den Siegern gehöre. | ☐ | ☐ | A |

Alltag: Konfliktmanagement

**Auswertung**
- Addieren Sie bitte nur die Ja-Antworten der jeweiligen Fragetypen (A, B, C, D) und tragen Sie die Summe in die unten stehende Tabelle ein.
- Multiplizieren Sie die Anzahl der jeweiligen Ja-Antworten mit 20. Dadurch erhalten Sie die Prozentzahl.
- Um ihr Konfliktprofil sichtbar zu machen, tragen Sie Ihre Prozentwerte an der Prozent-Leiste ein und schraffieren Sie die Fläche bis zu dieser Marke.

| Konfliktstil | Zahl der Ja-Antworten | × 20 | Ihr Konfliktprofil in Prozent 10 20 30 40 50 60 70 80 90 |
|---|---|---|---|
| A – Durchsetzungsstrategien | | | |
| B – Ausweichstrategien | | | |
| C – Kompromisse | | | |
| D – Problemorientierung | | | |

**Parteiinteressen berücksichtigen**
Meistens muss der Leidensdruck ein gewisses Ausmaß annehmen, damit Lösungsdruck entsteht. Und: Konfliktlösungen sind nur dann tragfähig, wenn sie nicht gegen zentrale Interessen einer Partei gerichtet sind. Vielmehr muss es um einen Interessenausgleich gehen. Die Kontrahenten müssen sich aufeinander zubewegen – das Entgegenkommen des anderen anerkennen und selbst kompromissbereit sein. Je stärker die gegenseitigen Bedürfnisse divergieren, desto kleiner ist der Lösungsspielraum.

**Nutzen aufzeigen**
Menschen bewegen sich dann, wenn sie für sich einen Nutzen sehen. Deshalb sollten Sie miteinander den Konfliktparteien demonstrieren, welche persönlichen Vorteile sie von der gemeinsamen Vereinbarung haben. Das erhöht die Wahrscheinlichkeit, dass sich die Kontrahenten tatsächlich bemühen, die Einigung umzusetzen.

Beachten Sie: Richter schauen in die Vergangenheit und bestimmen danach Schuld und Strafe. Bei Konflikten sollten Sie in die Zukunft schauen und nach Wegen konstruktiver Weiterarbeit suchen.

## 20. Konflikte angehen

Folgender Ablauf hat sich bewährt, wenn es darum geht, Konflikte beizulegen:

**In elf Schritten zur Konfliktlösung**

1. Rufen Sie als Teamleiter/Schlichter beide Parteien gemeinsam zu sich.
2. Bestimmen Sie, wer anfangen darf, aus seiner Sicht das Problem zu schildern. Dabei gelten folgende Spielregeln:
   - Derjenige, der gerade spricht, darf ohne Zeitbegrenzung alles sagen, was ihm auf dem Herzen liegt.
   - Sie als Schlichter geben zu der Sache weder Wertung noch Kommentar ab.
   - Der jeweilige Zuhörer darf nicht unterbrechen. Er kann sich jedoch Notizen machen. Damit nehmen Sie ihm den Druck, aus Angst, etwas zu vergessen, sofort widerlegen zu wollen.
3. Wenn der Erste fertig ist, darf der Zweite unbegrenzt und ungestört seine Sicht schildern. Bei ihm gelten die gleichen Regeln.
4. Wenn der Zweite fertig ist, ist der Erste wieder dran. Lassen Sie das Spielchen wiederholen, bis beiden die Lust vergeht, ständig auf den gleichen Dingen herumzureiten. Sie erreichen damit, dass die Betroffenen sich müde reden und ihre Stresshormone abbauen.
5. Wenn Sie merken oder gesagt bekommen, dass den Kontrahenten nun die Lust am Hin und Her vergangen ist, dann fordern Sie sie auf, die Vergangenheit und die Schuldfrage ruhen zu lassen. Stattdessen soll jeder für sich eine Liste mit offenen Punkten aufstellen; Überschrift: „Das erwarte ich vom anderen, damit ich mit ihm wieder konstruktiv arbeiten kann."
6. Dadurch erreichen Sie, dass die Streithähne von ihren negativen Gefühlen abgelenkt werden und den Blick auf eine sachliche Zusammenarbeit richten.
7. Überprüfen Sie die Listen. Es dürfen weder Entschuldigungen noch Schuldeingeständnisse oder Ähnliches verlangt werden, sondern konkrete Dinge.
8. Geben Sie den Kontrahenten die Liste des jeweiligen Gegners. Jeder soll eine Forderung des anderen ankreuzen, der er nachkommen will. Dadurch erreichen Sie, dass sich beide Parteien aufeinander zubewegen. Da sicherlich keiner von beiden vor Ihren Augen schlecht wirken will, wird sich jeder bemühen, eine wichtige Forderung des anderen auszuwählen.
9. Beide Parteien versprechen fest, sich ab sofort an die Vereinbarung zu halten und alle anderen offenen Punkte erst einmal auf Eis zu legen.
10. Geben Sie jedem den eigenen Zettel zurück und dazu eine Kopie der Liste des Kontrahenten. Vereinbaren Sie einen neuen Termin für die weitere

**Vorgehen bei der Konfliktbehandlung**

Alltag: Konfliktmanagement

Einigung. Dann sollen die bis dahin noch offenen Punkte bereinigt werden. Geben Sie beiden den Auftrag, sich bis zum nächsten Mal zu überlegen, welche Angebote man dem jeweils anderen zu machen gedenkt.
11. Sprechen Sie bis zum nächsten Termin auf keinen Fall mit einem oder beiden unter vier Augen. Das Thema muss bis dahin ruhen.

**Maßnahmen umsetzen und kontrollieren**

Dieses Vorgehen holt die Betroffenen ins Boot und nimmt sie in die Pflicht. Die vereinbarten Maßnahmen sollten konsequent und zügig umgesetzt werden. Die Kontrahenten geben sich am besten selbst Termine mit Zwischenschritten und Teilzielen, die der Schlichter überprüft. Nicht über die Details, wohl aber über die Fortschritte insgesamt sollte das Team informiert werden.

Handelt es sich bei den Gegnern um Teilgruppen, ist das Schlichtungsverfahren in Teamsitzungen durchzuführen, wobei neben dem Teamleiter auch ein externer Moderator als Vermittler fungieren kann.

---

**Checkliste: Fragen zur Konfliktlösung**

1. Seit wann existiert die Konfliktsituation?
   _____

2. Wer ist am Konflikt beteiligt? Direkt und indirekt, früher und jetzt?
   _____

3. Wie ist der Konflikt entstanden?
   _____

4. Was werfen sich die Parteien vor?
   _____

5. Was provoziert, ärgert die Betroffenen, was können sie nicht verstehen?
   _____

## 20. Konflikte angehen

6. Welche Anteile des Konflikts sind auf das persönliche Verhalten eines Konfliktpartners zurückzuführen?

_____

7. Welche Anteile sind auf die Arbeitsbedingungen zurückzuführen?

_____

8. Wo sieht jeder Beteiligte seinen Anteil am Konflikt?

_____

9. Welche positiven Seiten billigen die Gegner einander zu?

_____

10. Können sich die Kontrahenten vorstellen, nach der Lösung des Konflikts wieder mit dem anderen zusammenzuarbeiten?

_____

11. Wie könnte die Basis einer weiteren Zusammenarbeit aussehen?

_____

12. Welches Verhalten müssten die beiden Seiten aufgeben bzw. hinnehmen?

_____

13. Was müsste sich hinsichtlich der Arbeitsbedingungen und des Miteinanders in der Gruppe ändern?

_____

Alltag: Konfliktmanagement

## 21. Mobbing begegnen

**Was ist Mobbing?** Die Bedeutung von *Mobbing* ist erst in den letzten Jahren richtig erkannt worden. Mobbing ist etwas anderes als normaler Streit unter Kollegen. Dahinter verbergen sich Störungen in der Kommunikation der Beteiligten und diskriminierende Handlungen, die gegen eine Person gerichtet sind. Diese Handlungen können über einen längeren Zeitraum hinweg andauern und dabei regelmäßig vorkommen. Die Aktivitäten können von einer Person oder einer ganzen Mitarbeitergruppe ausgehen, im Extremfall steht das ganze Team gegen ein Mitglied.

Beim Mobbing handelt es sich um systematischen Psychoterror, der sich meist in aller Heimlichkeit vollzieht, von dem nicht mal alle in der Gruppe etwas mitbekommen müssen. Folgende Fakten zeigen Ihnen, warum es so wichtig ist, Mobbing in Ihrem Team zu vermeiden:

**Folgen von Mobbing**
1. Gemobbte Mitarbeiter leisten weniger.
2. Sie sind häufiger krank.
3. Im schlimmsten Fall gehen dermaßen verletzte Beschäftigte in die innere Kündigung oder bemühen sich gar um eine andere Stelle.
4. Die Arbeit im Team wird gestört und behindert.
5. Das Betriebsklima verschlechtert sich.

Mobbing-Opfer durchleiden immer wieder dieselben entwürdigenden Situationen. Üblich ist dabei, dass direkte Angriffe unterbleiben; den Betroffenen wird vielmehr heimtückisch mitgespielt:

**Typische Mobbing-Situationen**

▪ **Verbreitung falscher Gerüchte**
Über ein Teammitglied werden Unwahrheiten verbreitet, um seinem Ansehen zu schaden.

▪ **Ausgrenzung aus dem Team**
Ein Mitarbeiter wird beispielsweise über Geburtstagsfeiern oder gemeinsame Aktivitäten nicht informiert. Die Kollegen sagen nicht Bescheid, wenn sie in die Kantine gehen. Sie signalisieren: „Du bist bei uns nicht erwünscht."

## 21. Mobbing begegnen

- **Beleidigung**
  Ein Mitglied wird im Team öffentlich angefeindet und mit Worten beleidigt.

- **Zurückhalten wichtiger Informationen**
  Dem Mitarbeiter werden wesentliche Informationen verschwiegen, die für seine Arbeit notwendig sind. Dadurch kann er seine Aufgaben nicht korrekt erledigen.

- **Sexuelle Belästigung**
  Eine Mitarbeiterin wird durch anzügliche Worte bedrängt. Es kommt zu unerwünschtem Körperkontakt. Kommentare oder Scherze über das Äußere der Beschäftigten machen die Runde. Der Betroffenen werden pornografische Darstellungen gezeigt. Sie wird zu sexuellen Handlungen aufgefordert.

- **Angriffe auf die Möglichkeit, sich mitzuteilen**
  Ein Teammitglied wird dauernd unterbrochen, erhält mündliche/schriftliche Drohungen und erfährt ständige Kritik an seiner Arbeit und seinem Privatleben. Abwertende Blicke treffen den Beschäftigten. Andeutungen signalisieren Kontaktverweigerung, ohne dass direkt etwas ausgesprochen wird.

- **Angriffe auf die sozialen Beziehungen**
  Mit einem Kollegen wird nicht mehr gesprochen und man lässt sich nicht ansprechen. Er wird wie Luft behandelt, in einen entfernten Raum versetzt und anderen wird bisweilen sogar verboten, mit dem Betroffenen zu reden.

- **Angriffe auf das soziale Ansehen**
  Hinter seinem Rücken wird schlecht über den Mitarbeiter gesprochen. Er wird verdächtigt, psychisch krank zu sein. Andere machen sich über eine Behinderung lustig oder imitieren beispielsweise den Gang, die Stimme oder Gesten, um den Betroffenen lächerlich zu machen. Auch das Privatleben oder die Nationalität des Teammitglieds werden herabgewürdigt. Zuweilen zwingt das Team den Mitarbeiter zu niedrigen Arbeiten, die das Selbstbewusstsein verletzen.

- **Manipulation von Arbeiten**
  Ohne Wissen des betroffenen Kollegen werden Dokumente abgeändert, Unterlagen verlegt oder vernichtet.

- **Angriffe auf die Qualität der Berufssituation**
  Das Mobbing-Opfer bekommt entweder keine Arbeitsaufgabe oder ihm werden sinnlose, ständig neue oder unbeliebte, langweilige Aufträge gegeben.

- **Angriffe auf die körperliche Integrität**
  Letztendlich kann es sogar so weit gehen, dass dem Teammitglied körperliche Gewalt angedroht wird oder es tatsächlich zu Handgreiflichkeiten kommt, zum Beispiel, um dem Betroffenen einen „Denkzettel" zu verpassen.

*Mobbing-Ursachen*

Die Gründe für Mobbing liegen einerseits in der Person selbst und im Verhältnis der Kollegen untereinander. Andererseits können auch schlechte organisatorische Rahmenbedingungen zu Mobbing führen.

**Zwischenmenschliche Faktoren**
- Benachteiligung
- Neid
- Über- oder Unterforderung
- Unzufriedenheit
- Stress
- Verständnislosigkeit für die Situation anderer
- Umgang mit Fehlern
- Abwälzen von Verantwortung
- fehlende Gesprächsbereitschaft

**Organisatorische Faktoren**
- unklare Kompetenzregelung
- mangelhafte Ablauforganisation
- allgemein gestörtes Arbeitsklima
- Monotonie
- Leistungsdruck
- fehlende Identifikation der Mitarbeiter
- Strukturveränderungen
- Rationalisierungsmaßnahmen
- belastende Arbeitsbedingungen
- Fehler im Führungsverhalten

*Mobbing begegnen*

Zu Mobbing kann es nur in einem Team kommen, das sich nicht wirklich als Mannschaft begreift, das schlecht kooperiert. Eine schwierige Arbeitssituation, bedingt durch Umstrukturierungen, unklare Kompetenzen oder unzureichende Informationen, kann jedoch dazu beitragen, dass Kollegen sich unwohl fühlen und für eigene Probleme Schuldige suchen. Verfolgen Sie aufmerksam, wie

## 21. Mobbing begegnen

die Kollegen in Ihrem Team miteinander umgehen, seien Sie hellhörig, wenn abfällig über Einzelne gesprochen wird. Haben Sie den Verdacht, dass Kollegen oder Mitarbeiter bewusst ausgegrenzt und schikaniert werden, sprechen Sie dies sofort an, machen Sie es auch auf der nächsten Teamsitzung zum Thema. Insbesondere als Teamleiter können Sie die folgende Checkliste nutzen, um Mobbing vorzubeugen. Die meisten Punkte gelten jedoch für jedes Gruppenmitglied.

| | o. k. | |
|---|---|---|
| ▪ **Sorgen Sie für Klarheit.**<br>Sprechen Sie Unstimmigkeiten sofort an und klären Sie sie. Ignorieren Sie Gerüchte und Klatsch nicht, aber bilden Sie sich eine eigene Meinung. | ☐ | **Checkliste: Mobbing verhindern** |
| ▪ **Sammeln Sie Informationen.**<br>Führen Sie eine Umfrage zum Arbeitsklima durch. Prüfen Sie bei Beschwerden, ob Mobbing dahinter stecken könnte. Forschen Sie bei hohem Krankenstand/vielen Fehlzeiten nach den Ursachen. | ☐ | |
| ▪ **Gehen Sie mit dem Thema offensiv um.**<br>Thematisieren Sie Beobachtungen, die auf Mobbing hindeuten. Machen Sie unmissverständlich klar, dass Mobbing nicht geduldet wird. | ☐ | |
| ▪ **Geben Sie Informationen an die Mitarbeiter weiter.**<br>Verteilen Sie Unterlagen zum Thema in Aushängen, Rundschreiben, Broschüren etc. Sprechen Sie in der Mitarbeiterrunde darüber, wie Mobbing entsteht und welche Folgen es haben kann. | ☐ | |
| ▪ **Bieten Sie Ihre Unterstützung an.**<br>Gehen Sie auf mögliche Betroffene zu. Bieten Sie sich als Ansprechperson an. | ☐ | |

# Zentralfigur: Teamleiter

Teams regeln vieles selbst und im Team sind alle gleich – trotzdem ist ein Teamleiter notwendig, insbesondere als Koordinator und Moderator. Seine Aufgaben wurden ja schon mehrfach erwähnt. An dieser Stelle fügen wir noch einige spezifische Hinweise zur Leitung von Gruppen ein. Sind Sie selbst Führungskraft, erfahren Sie hier zusätzlich einiges Wissenswertes über die Besonderheiten bei der Anleitung von Teams. Arbeiten Sie in einer Gruppe, können Sie überprüfen, ob und wo Ihr Vorgesetzter Sie noch besser unterstützen sollte. Denn auch Führungskräfte brauchen Feedback.

## 22. Rolle annehmen

**Pflichten der Teamführung**

Die Führung eines Teams ist in gewissem Maße ein Paradox. Denn dessen Stärke liegt ja gerade darin, dass es seine Arbeit und die dazu notwendige Kooperation selbst steuert. Dennoch ist Führung wichtig, und das gleich in mehrfacher Hinsicht:
- Erstens braucht Teamarbeit Rahmenbedingungen.
- Zweitens benötigt die Gruppe Ziele, um ihrer Arbeit eine Richtung zu geben.
- Drittens muss die Entwicklung des Teams gefördert, teilweise gesteuert werden.
- Viertens sind Probleme im Team auszuräumen und einzelne Mitarbeiter bei Schwierigkeiten zu unterstützen.

**Erster unter Gleichen sein**

Die Leitung von Teams unterscheidet sich merklich von der klassischen Führung und erfordert vom Vorgesetzten ein anderes Verständnis. Er ist *Erster unter Gleichen*. Diese Rolle anzunehmen und sie richtig auszufüllen dürfte im Alltag für viele Führungskräfte nicht einfach sein. Der Teamleiter muss die selbstständige Arbeit seiner Gruppe einerseits anerkennen, ist andererseits aber auch für die Ergebnisse mitverantwortlich.

## 22. Rolle annehmen

Besonderheiten der Teamleitung sind:
- Die Führungskraft unterstützt mehr, als dass sie steuert.
- Aufgaben werden ganzheitlich betrachtet und delegiert.
- Zur Delegation gehört immer auch das Vergeben von Entscheidungskompetenzen.
- Das Team ist an Entscheidungen beteiligt.
- Kontrolliert werden primär die Ergebnisse, nicht die Arbeitsabläufe.
- Eine wichtige Rolle kommt der Führungskraft bei der Vertretung der Gruppeninteressen nach außen zu.
- Der Teamleiter muss ferner das Team über alle Gegebenheiten informieren, die Einfluss auf die gemeinsame Arbeit haben.

**Unterstützen statt anweisen**

Ein hierarchisch orientierter, womöglich autoritärer Führungsstil verträgt sich schlecht mit dem Teamgedanken. Die sozialen und methodischen Fähigkeiten des Vorgesetzten nehmen an Bedeutung zu, was allerdings nicht heißt, dass seine fachlichen Kompetenzen unwichtig wären. Gefordert ist der Leiter einer Gruppe als *Helfer*, als *Ansprechpartner*, als *Moderator* und *Mediator*. Dazu gehört auch eine positive Herangehensweise an die Arbeit generell und an Probleme im Besonderen. Viele Teammitglieder werden sich am Vorgesetzten orientieren; er hat eine Vorbildfunktion in
- der Art, wie er mit anderen umgeht,
- seinem Engagement,
- seiner Motivation,
- seinem Kommunikationsverhalten und
- seiner Teamfähigkeit.

**Typische Rollen des Teamleiters**

Er kann entweder
- Schwierigkeiten betonen,
- Beiträge infrage stellen und damit
- vorsichtiges Abwarten und
- langatmige Diskussionen provozieren

oder
- machbare Vorschläge unterbreiten,
- Ideen aufgreifen und weiterentwickeln und so
- ein Klima für gute und schnelle Problemlösungen schaffen.

**Förderliche/ hinderliche Arbeitshaltung**

Zentralfigur: Teamleiter

Einstellung und Arbeitsweise des Teamleiters fördern oder behindern ein Team wesentlich. Befragungen zeigen immer wieder, dass Teammitglieder an ihrem Vorgesetzten Folgendes besonders schätzen:

**Positive Führungseigenschaften**
- Zuverlässigkeit,
- Schaffung eines guten Klimas durch positive Ausstrahlung,
- Motivation der Gruppe,
- Integration in das Team,
- Führungsverantwortung.

**Negative Führungseigenschaften**
Als Hemmschuh wirken Führungskräfte vor allem dann, wenn sie
- sich nicht in das Team integrieren,
- notwendige Entscheidungen verzögern,
- die Mitarbeiter zu stark einengen, zu wenig Spielräume für eigenständiges Arbeiten und selbstständige Entscheidungen geben,
- Aufgaben delegieren, aber keine Verantwortung abgeben,
- zu ungeduldig sind und dem Team wenig Raum für Diskussionen lassen.

*Management by Exception,* Eingreifen, wenn es brennt, trägt Untersuchungen zufolge eher zur Demotivation als zur Motivation, zu geringen statt guten Leistungen im Team bei.

**Qualifikationstest für Teamführer** — Erfüllen Sie die Erwartungen an einen Teamleiter?

| | nie 0 | selten 1 | meistens 3 | immer 4 | Punkte |
|---|---|---|---|---|---|
| Behandeln Sie persönliche Angelegenheiten von Teammitgliedern vertraulich? | ☐ | ☐ | ☐ | ☐ | ____ |
| Stimmen Ihre Worte mit Ihren Taten überein? | ☐ | ☐ | ☐ | ☐ | ____ |
| Verteilen Sie Lob und Anerkennung gerecht? | ☐ | ☐ | ☐ | ☐ | ____ |

## 22. Rolle annehmen

|  | nie<br>0 | selten<br>1 | meistens<br>3 | immer<br>4 | Punkte |
|---|---|---|---|---|---|
| Stellen Sie bei Erfolgen die Gesamtleistung des Teams heraus? | ☐ | ☐ | ☐ | ☐ | _____ |
| Stehen Sie für Misserfolge gerade? | ☐ | ☐ | ☐ | ☐ | _____ |
| Zeigen Sie den Teammitgliedern, dass Sie ihnen vertrauen? | ☐ | ☐ | ☐ | ☐ | _____ |
| Verlangen Sie nur das von anderen, was Sie auch selbst tun würden? | ☐ | ☐ | ☐ | ☐ | _____ |
| Sind Ihre Entscheidungen für die Teammitglieder nachvollziehbar? | ☐ | ☐ | ☐ | ☐ | _____ |
| Verteilen Sie Aufgaben gerecht und den Kompetenzen der Mitarbeiter entsprechend? | ☐ | ☐ | ☐ | ☐ | _____ |
| Holen Sie bei wichtigen Entscheidungen den Rat des Teams ein? | ☐ | ☐ | ☐ | ☐ | _____ |
| Schreiben Sie gemeinsame Erfolge dem Team gut? | ☐ | ☐ | ☐ | ☐ | _____ |
| Lassen Sie die Teammitglieder selbstständig in Ihrem Aufgabengebiet arbeiten? | ☐ | ☐ | ☐ | ☐ | _____ |
| Greifen Sie Anregungen und Ratschläge des Teams auf? | ☐ | ☐ | ☐ | ☐ | _____ |
| Sehen Sie auch unangenehmen Tatsachen ins Auge? | ☐ | ☐ | ☐ | ☐ | _____ |
| Treffen Sie wichtige Entscheidungen schnell? | ☐ | ☐ | ☐ | ☐ | _____ |

**Auswertung**  Zählen Sie Ihre Punkte in der Spalte „Summe" zusammen und vergleichen Sie Ihr Ergebnis.

**Bis 25 Punkte**
Sie können Ihre Fähigkeiten als Teamleiter erheblich verbessern. Überprüfen Sie kritisch die einzelnen Bereiche und arbeiten Sie gezielt daran.

**25 bis 50 Punkte**
Das Team dürfte mit Ihnen als Leiter zufrieden sein. Fragen Sie jedoch bei passender Gelegenheit einmal bewusst nach, wo Ihre Gruppe noch Verbesserungsmöglichkeiten sieht.

**Über 50 Punkte**
Glückwunsch! Sie sind schon sehr nah am Optimum. Vielleicht gibt es aber noch die ein oder andere Kleinigkeit, die Sie verbessern können. Fragen Sie die Teammitglieder.

Was in seinem Arbeitsalltag auf den Teamleiter zukommt, darüber haben Sie in den vorangegangenen Kapiteln schon vieles gelesen. Nicht genug betont werden kann die soziale Kompetenz, die zur Teamführung gehört. Einige typische Situationen, die das Eingreifen des Gruppenverantwortlichen erfordern, mögen das nochmals demonstrieren:

**Wann muss der Leiter eingreifen?**
- Ein Mitarbeiter beteiligt sich nicht an Gesprächen und äußert sich auch bei Besprechungen so gut wie nie.
- Ein Teammitglied beschuldigt grundsätzlich andere, wenn etwas schief geht.
- Jemand in der Gruppe stellt sich stets ahnungslos, obwohl er eigentlich Bescheid wissen müsste.
- Ein Beschäftigter klagt ständig, überlastet zu sein.
- Ein Mitglied des Teams fühlt sich bei jeder Kleinigkeit beleidigt.
- Ein Mitarbeiter findet keinen Zugang zu den anderen und zieht sich immer mehr zurück.
- Einer aus der Gruppe entwickelt sich langsam zum Außenseiter, die Kollegen sprechen mehr und mehr abwertend über ihn.

Ein Teamleiter muss solchen Problemen vorbeugen. Dies gelingt am besten, wenn er die Teamfähigkeit stärkt, indem er:

## 22. Rolle annehmen

- das Team auf die Ziele seiner Tätigkeit einschwört,
- die Bedeutung der Zusammenarbeit hervorhebt,
- die persönlichen Vorteile herausstellt, die jedes Teammitglied von der Kooperation hat,
- Erfolgserlebnisse schafft und die Erfolge mit dem Team teilt,
- den Informationsfluss verbessert und für eine offene Kommunikation sorgt,
- Cliquenbildung verhindert.

**Hauptführungsaufgabe: den Teamgeist fördern**

Teamarbeit stellt hohe Anforderungen an die Kommunikationsfähigkeit der Führungskraft. Anordnen, befehlen, vorgeben – dafür bedarf es nur weniger Worte; abstimmen, überzeugen, entwickeln – dies setzt intensiven Austausch voraus. Untersuchungen belegen, wie wichtig ein stetiger Dialog mit allen Personen im Team ist. Wer eine Gruppe leitet, sollte nicht den Fehler begehen, sich auf die Sachebene oder einen reinen Beobachtungsposten zurückzuziehen. Er ist bekanntlich Erster unter Gleichen und steht mitten im Team, sollte selbst machbare Vorschläge unterbreiten und die Ideen anderer aufgreifen und weiterentwickeln.

Der Teamführer sollte sich auch nicht dazu verleiten lassen, vornehmlich mit Beschäftigten zu kommunizieren, die seiner Meinung nach im Team „das Sagen haben". Denn damit schafft er eine zwar inoffizielle, aber faktisch vorhandene Hierarchieebene, nämlich Mitarbeiter, die besser informiert sind als andere und durch ihr Herrschaftswissen Kollegen von sich abhängig machen. Ein solches Verhalten widerspricht klar dem Teamgedanken, auch wenn es für den Vorgesetzten nahe liegend, da weniger aufwendig ist – er kann damit ja manche Diskussion umgehen.

**Keine Hierarchien implementieren**

In erster Linie die Gruppe als Ganzes im Auge zu haben bedeutet keineswegs, dass die Führungskraft nicht auch die einzelnen Mitarbeiter fordern und fördern soll. Denn das Team ist zwar weit mehr als die Summe seiner Teile, besteht aber selbstverständlich aus Einzelpersonen, die es individuell einzubinden gilt. Welche Aufgaben sich Ihnen hier als Teamleiter stellen, darüber informieren die folgenden Kapitel.

**Auch an den Einzelnen denken**

**Checkliste: Als Teamleiter die Gruppenentwicklung unterstützen**

| | Ja | Nein |
|---|---|---|
| Regen Sie die Teammitglieder zur Eigenverantwortung an? | ☐ | ☐ |
| Berücksichtigen Sie die Bedürfnisse und Interessen der Mitarbeiter? | ☐ | ☐ |
| Gestatten Sie dem einzelnen Beschäftigten, selbstständig zu arbeiten? | ☐ | ☐ |
| Empfinden Sie andere Meinungen und andere Einstellungen als hilfreich und wünschenswert? | ☐ | ☐ |
| Billigen Sie Ihren Mitarbeitern das Recht zu, Fehler zu machen? | ☐ | ☐ |
| Ermutigen Sie Ihr Team zur Offenheit? | ☐ | ☐ |
| Wissen Ihre Mitarbeiter, dass sie akzeptiert werden? | ☐ | ☐ |
| Ist für Sie Kritik und Anerkennung ein selbstverständlicher Teil des Umgangs miteinander? | ☐ | ☐ |
| Holen Sie sich regelmäßig Feedback bei den Gruppenmitgliedern? | ☐ | ☐ |

## 23. Mit Teammitgliedern Ziele vereinbaren

Führen über Ziele – *Management by Objectives* – hat in Teams zwei Aspekte:

*Einzel- und Gruppenziele*

- Steuerung gemeinsamer Arbeit über *Teamziele* (siehe Kapitel 7),
- Leistungssicherung über individuelle *Mitarbeiterziele*.

Beide Punkte sind wichtig und gehören zusammen. Die Teamziele bilden den Rahmen für Vereinbarungen mit dem einzelnen Mitarbeiter. Was dem Team nützt, sollte auch jedem Mitglied dienen.

### Leistungsziele und Entwicklungsziele unterscheiden

Es gibt zwei Formen von Mitarbeiterzielen:
- *Leistungsziele* beziehen sich auf den sachlichen Beitrag, den der einzelne Mitarbeiter zur Teamaufgabe leistet. Ein Projekt betreuen, die Öffentlichkeitsarbeit verbessern, Arbeitsabläufe auf EDV umstellen sind Beispiele möglicher Leistungsziele.
- *Persönliche Entwicklungsziele* dienen der Förderung von Fähigkeiten und Motivation des Gruppenmitglieds. Solche Ziele sind

etwa berufliches Fortkommen, Übernahme interessanter Aufgaben oder Erweiterung des Verantwortungsbereichs.

Beides muss auf die Teamziele ausgerichtet sein und ist miteinander verzahnt. Wer überdurchschnittliche Leistungen zeigt, sollte auch dafür belohnt werden.

Über Zielvereinbarungen lässt sich beim Beschäftigten eine intrinsische Motivation erreichen. *Intrinsisch* bedeutet „von innen heraus". Der Mitarbeiter fühlt sich verantwortlich und hat ein Eigeninteresse am Erfolg.

**Intrinsische und extrinsische Motivation**

Beim Gegenstück, der *extrinsischen* Motivation („von außen"), wird die berufliche Tätigkeit eher als Mittel zum Zweck, als notwendiges Übel gesehen, um beispielsweise die materielle Existenz zu sichern. Vorgegebene Ziele schaffen Druck und sind eine Form der extrinsischen Motivation.

**Müssen Sie bestimmte Ziele vorgeben (aufgrund übergeordneter Unternehmensziele), prüfen Sie unbedingt, ob der Mitarbeiter dahinter steht. Ansonsten kann es schnell zu Ausweichverhalten kommen: Der Betroffene versucht, das Ziel zu umgehen oder die Umsetzung hinauszuzögern.**

Ausgangspunkt für Leistungsziele ist immer der Arbeitsbereich des Mitarbeiters:

- **Aufgaben:**
  Was muss der Mitarbeiter genau erledigen?

**Arbeitsbeschreibung zugrunde legen**

- **Ziele:**
  Was soll mit den einzelnen Aufgaben erreicht werden?

- **Ergebnis:**
  Wie sieht das konkrete Arbeitsresultat aus?

- **Kriterien der Zielerreichung:**
  Woran lässt sich der Erfolg messen?

### Zielvereinbarungsgespräche führen

*Mitarbeitergespräche* bieten den richtigen Rahmen, um gemeinsam mit einzelnen Gruppenmitgliedern Ziele für die nächsten Monate zu setzen, darüber hinaus zu überprüfen, ob vereinbarte Ziele erreicht wurden, und wenn nicht, nach den Ursachen dafür zu suchen.

Natürlich reden Teamleiter und Teammitglieder häufig miteinander, durchaus auch mal unter vier Augen. Und mancher wird sich deshalb fragen, ob solch ein separates Gespräch überhaupt notwendig ist. Diese Frage lässt sich aufgrund einschlägiger Erfahrungen klar mit „Ja" beantworten. Es ist etwas anderes, ob man sachbedingt das eine oder andere bespricht oder sich die Zeit nimmt, ganz in Ruhe miteinander die Arbeit wie auch die Kooperation zu reflektieren. Ein Mitarbeitergespräch sollte mindestens einmal im Jahr stattfinden, bei Bedarf öfter – losgelöst vom aktuellen Tagesgeschehen. Solche Gespräche haben für beide Beteiligten Vorteile:

**Vorteile für den Mitarbeiter**  Dem Mitarbeiter bieten sie eine Gelegenheit, dem Teamleiter eigene Ziele, Wünsche und Vorstellungen mitzuteilen, Probleme und Hemmnisse bei der Arbeit anzusprechen und auch Verbesserungsmöglichkeiten in der Zusammenarbeit mit dem Team und dem Vorgesetzten zu artikulieren, die er vor der ganzen Gruppe nicht äußern mag.

**Vorteile für den Teamleiter**  Der Vorgesetzte erfährt Genaueres über die Vorstellungen des Beschäftigten, erhält Feedback zu seinem eigenen Verhalten und zur Kooperation im Team. Vielleicht erkennt er auch Möglichkeiten, das betreffende Gruppenmitglied gezielter zu fördern und zu motivieren.

Letztlich ist es auch für das Team insgesamt vorteilhaft, wenn der Teamleiter alle Gruppenmitglieder gut einschätzen kann und diese umgekehrt um seine Zielvorstellungen wissen.

### Gespräch vorbereiten

Mitarbeitergespräche sollten gut vorbereitet sein. Dies gilt für die Führungskraft wie für das Teammitglied. Eine gute Vorbereitung spart während der Unterredung Zeit und schützt vor Missverständnissen.

## 23. Mit Teammitgliedern Ziele vereinbaren

Wesentliche Rahmenbedingungen eines Zielvereinbarungsgesprächs sind ausreichend Zeit und ein Raum, der eine ungestörte Unterhaltung zulässt. Termin und Ort sind frühzeitig abzustimmen, mindestens zwei Wochen vorher, damit die Gesprächspartner sich darauf einstellen können. Auf keinen Fall sollte so ein Austausch unter Zeitdruck stattfinden. Ein bis anderthalb Stunden Dauer sind einzuplanen. Weder der Teamleiter noch der Mitarbeiter sollten nach dem Gespräch enge Termine ansetzen. Ein Besprechungsort mit angenehmer Atmosphäre ist ratsam.

**Organisatorische Vorbereitung**

**Führen Sie ein Zielvereinbarungsgespräch nicht am Schreibtisch, bitten Sie Ihr Gegenüber in die Besprechungsecke.**

Wichtig ist natürlich auch, dass sich beide Partner inhaltlich auf die Unterhaltung einstimmen. Dazu können sie Vereinbarungen aus dem letzten Gespräch, aber auch Arbeitsplatzbeschreibungen und Anforderungsprofile oder sonstige wesentliche Arbeitsunterlagen heranziehen. Ferner sollten selbstverständlich die Teamziele als Gesprächsgrundlage dienen.

**Inhaltliche Vorbereitung**

Jedes Mitarbeitergespräch hat vier Themenschwerpunkte:
- Aufgaben und Arbeitserledigung,
- Zusammenarbeit zwischen Führungskraft und Mitarbeiter,
- Zusammenarbeit im Team,
- Förderung des Mitarbeiters.

**Vier Inhaltsaspekte**

Im Themenbereich Aufgabenerledigung spricht der Teamleiter über die Erfolge des Angestellten bei der Arbeit und geht auch auf Leistungsdefizite und deren Ursachen ein. Zu diesem Aspekt gehören:
- Arbeitsaufgaben, Qualifikation und Interessen,
- Verantwortlichkeiten und Befugnisse,
- Arbeitssituation,
- Leistungen.

**Schwerpunkt Aufgaben**

Es schließt sich der Komplex Zusammenarbeit an. An erster Stelle steht hier die Zusammenarbeit zwischen Vorgesetztem und Mitarbeiter. Beide Gesprächspartner geben dem anderen eine Ein-

**Schwerpunkt Zusammenarbeit**

schätzung über die gegenseitige Kooperation. Ehrliches Feedback ist entscheidend (siehe Kapitel 15). Dann folgt die Erörterung des Miteinanders in der Arbeitsgruppe. Zeigen sich hier Probleme, ist es am Teamleiter, dies in einer allgemeinen Sitzung mit allen Mitgliedern zum Thema zu machen. Sinnvollerweise gehen Sie an diesem Punkt zusätzlich auf die Zusammenarbeit mit Dritten wie anderen Abteilungen oder Kunden ein.

**Schwerpunkt Förderung** Letzter Gesprächspunkt sind Wünsche und Möglichkeiten, das Teammitglied individuell zu fördern. Hier kommen Punkte zur Sprache wie
- Belastung, Unter- oder Überforderung,
- Zufriedenheit des Beschäftigten,
- Entwicklungsmöglichkeiten des Mitarbeiters,
- Vorstellungen des Betroffenen,
- notwendige und/oder mögliche Fördermaßnahmen.

Sind in einem früheren Gespräch bereits Ziele vereinbart worden, sehen Sie sich gemeinsam diese Ziele an.

### Gesprächsablauf
Die Unterredung wird eingerahmt von einer Eröffnungs- und einer Auswertungsphase.

**Eröffnungsphase** Für die Schaffung einer guten Atmosphäre sind vor allem die ersten Minuten wichtig. Deshalb gehören zur *Eröffnungsphase:*
- freundliche Begrüßung, zwangloser Gesprächseinstieg,
- Verdeutlichung der Gesprächsziele,
- Festlegung des Gesprächsablaufs,
- Überleitung zum eigentlichen Gespräch.

**Beratungsphase** In der Beratungsphase werden die vier Themenschwerpunkte nacheinander durchgesprochen. Natürlich können Sie hier individuelle Schwerpunkte setzen. Anregungen beider Seiten werden gesammelt, um daraus Ziele abzuleiten, die zu verfolgen es sich lohnt. Das ist der Übergang in die Phase der *Ergebnissicherung.*

**Auswertungsphase** Ziele setzen ist das eine, Ziele umsetzen etwas anderes. Sprechen Sie darüber, wie das, was Sie gemeinsam anstreben, realisierbar ist.

## 23. Mit Teammitgliedern Ziele vereinbaren

Bieten Sie als Teamleiter dem Mitarbeiter hierbei Ihre Unterstützung an:
- Welche Voraussetzungen müssen geschaffen werden, damit die Ziele erreicht werden können?
- Welche Gestaltungsspielräume muss der Mitarbeiter erhalten, welche Kompetenzen benötigt er?
- Welche Unterstützung braucht das Teammitglied vom Vorgesetzten?
- Welche Qualifizierungs- und Fördermaßnahmen sind einzuplanen? Bis wann sollen sie erfolgt sein?
- Ist das Team als Ganzes betroffen? Sollen andere informiert werden?

Alle Ziele und begleitenden Vereinbarungen sollten schriftlich fixiert werden. Am besten auf einem Formblatt. Und natürlich sollten Teamleiter und Mitarbeiter je ein Exemplar der Zielvereinbarung erhalten. Im Folgenden finden Sie ein Beispiel.

**Abreden schriftlich festhalten**

**Zielvereinbarungsgespräch**

Mitarbeiter: _____ Vorgesetzter: _____

Datum: _____

Welche Arbeitsschwerpunkte hatte der Mitarbeiter im vergangenen Zeitraum?

1. _____ 2. _____

3. _____ 4. _____

5. _____ 6. _____

Welche Ziele standen im Mittelpunkt der Arbeit?

1. _____ 2. _____

3. _____ 4. _____

5. _____ 6. _____

Zentralfigur: Teamleiter

**Welche Probleme gibt es?**
hinsichtlich der Arbeitsergebnisse
und Verantwortlichkeiten           _____

hinsichtlich der Rahmenbedingungen
und Organisation                    _____

hinsichtlich des Arbeitsverhaltens
und der Leistungen                  _____

hinsichtlich der Zusammenarbeit
mit dem Vorgesetzten                _____

hinsichtlich der Kooperation
mit den Kollegen                    _____

hinsichtlich Einsatz und Führung
von Mitarbeitern                    _____

hinsichtlich der Kommunikation
mit internen und externen Kunden    _____

Welche **Verbesserungsmöglichkeiten** lassen sich daraus ableiten?

_____

_____


Welche **Ziele** lassen sich daraus ableiten? Bis wann sollen die Ziele erreicht sein?
*(Bitte die Ziele möglichst genau beschreiben.)*

▪ für den Mitarbeiter

1. _____  Termin _____

2. _____  Termin _____

3. _____  Termin _____

4. _____  Termin _____

5. _____  Termin _____

## 23. Mit Teammitgliedern Ziele vereinbaren

■ für den Vorgesetzten

1. _____ Termin _____

2. _____ Termin _____

3. _____ Termin _____

Für wann ist das nächste Gespräch geplant?

_____

Welche Themen und Ziele sollen in dem Folgegespräch behandelt werden?

1. _____

2. _____

3. _____

**Gespräch beenden**
Als betroffener Mitarbeiter überprüfen Sie am Ende der Unterredung,
- ob Sie alle notwendigen Informationen erhalten haben,
- ob eventuelle Widersprüche geklärt sind,
- ob Sie sicher sind, alle wichtigen Anliegen geäußert zu haben, und
- welche Kollegen Sie möglicherweise benachrichtigen sollten.

Als Teamleiter fragen Sie sich noch einmal kritisch:
- Sind die aufgestellten Ziele tatsächlich im vorgesehenen Zeitraum zu realisieren?
- Verfügt der Mitarbeiter über die notwendige Qualifikation?
- Stehen ihm die nötigen Kompetenzen und Sachmittel zur Verfügung?
- Werden die Ziele tatsächlich vom Mitarbeiter wie auch von Ihnen als wichtig empfunden?
- Sind andere im Team von diesen Vereinbarungen betroffen?

**Positiven Abschluss finden**

Schließen Sie das Gespräch positiv ab. Fragen Sie Ihren Gesprächspartner nach seiner Einschätzung. Machen Sie sich Anmerkungen zum Ablauf und zum Ergebnis. Diese Punkte gelten für beide Seiten. Sind Sie in der Position des Teamleiters, bieten Sie sich als Ansprechpartner bei Fragen und Problemen an. Verbinden Sie die Verabschiedung mit einem Dank. Die folgende Checkliste fasst die wesentlichen Fragen zu einem Zielvereinbarungsgespräch aus der Sicht der Führungskraft zusammen, die Punkte lassen sich jedoch leicht auf die Mitarbeiterseite übertragen.

**Checkliste: Zielvereinbarung mit Mitarbeitern**   o. k.

1. Berücksichtigen Sie die Ziele des Teams. ☐
2. Unterscheiden Sie zwischen Leistungszielen und persönlichen Entwicklungszielen. ☐
3. Konzentrieren Sie sich auf die wesentlichen Ziele. ☐
4. Vereinbaren Sie mit jedem Mitarbeiter in einem Einzelgespräch Ziele. ☐
5. Achten Sie darauf, dass alle Ziele konkret, klar und positiv formuliert sind. ☐
6. Setzen Sie motivierende Ziele. ☐
7. Setzen Sie überprüfbare Ziele. ☐
8. Fixieren Sie Vereinbarungen schriftlich. ☐
9. Geben Sie dem Mitarbeiter an Zwischenterminen eine Rückmeldung zu seiner Entwicklung. ☐

## 24. Einzelne Mitarbeiter fördern

Auch wenn die Arbeit und der Zusammenhalt im Team noch so wichtig sind: Eine Führungskraft sollte dabei nie das einzelne Gruppenmitglied mit seinen besonderen Bedürfnissen vernachlässigen. Jeder Mitarbeiter ist anders, jeder trägt auf seine Weise zum Teamerfolg bei. Die Kunst des Teamleiters besteht darin, ein Gleichgewicht zwischen den Erfordernissen der Arbeit, den Wünschen des Teams und den Belangen des Einzelnen zu schaffen. Mitarbeiter, die ihren Fähigkeiten entsprechend eingesetzt sind und außerdem die Gelegenheit haben, sich weiterzuqualifizieren und neue Erfahrungen zu

## 24. Einzelne Mitarbeiter fördern

sammeln, werden dies sicherlich mit hohem Engagement belohnen. Viele Menschen verfügen über Fähigkeiten und Fertigkeiten, die am Arbeitsplatz nicht oder nur partiell gebraucht werden. In ihnen schlummern ungenutzte Potenziale. Bei manchem Mitarbeiter regt sich Unlust, weil er zu lange immer wieder dieselben Routinearbeiten machen muss. Das geht so weit, dass einzelne Beschäftigte regelrecht unterfordert sind.

**Mitarbeiterpotenziale erkennen**

*Klaus Donath ist seit über zehn Jahren im Bereich Personal als Sachbearbeiter tätig. Er kennt alle Kniffe des Personalrechts. Viele Kollegen schätzen seinen Rat. Eigentlich hätte Herr Donath längst befördert werden müssen, aber es gibt keine passende Planstelle. Marion Schirmer, seine Vorgesetzte, macht sich Sorgen. Denn in den letzten Monaten scheint Herr Donath zusehends die Lust an seiner Aufgabe zu verlieren, die er früher stets mit so viel Energie und Einsatz ausgefüllt hat.*

**Beispiel**

Ungenutzte Fähigkeiten, besondere Begabungen, überdurchschnittlicher Einsatz oder nachlassende Motivation – dies sind alles Umstände, die ein Teamleiter aufgreifen sollte, um über spezielle Unterstützungsmaßnahmen nachzudenken.
Wie gut fördern Sie Ihre Mitarbeiter? Prüfen Sie es nach.

**Einschätzungshilfe: Mitarbeiterförderung**

**Test: Fördern Sie Ihr Team?**

| | selten/ nie 0 | manchmal 1 | normalerweise 2 | meistens/ immer 3 | Punkte |
|---|---|---|---|---|---|
| Ich achte auf Unter- und Überforderung meiner Mitarbeiter. | ☐ | ☐ | ☐ | ☐ | ——— |
| Ich analysiere die Potenziale der Teammitglieder systematisch. | ☐ | ☐ | ☐ | ☐ | ——— |
| Ich versuche Mitarbeiter gemäß ihren Potenzialen einzusetzen. | ☐ | ☐ | ☐ | ☐ | ——— |
| Bei der Potenzialanalyse arbeite ich mit dem Vergleich zwischen Selbst- und Fremdeinschätzung. | ☐ | ☐ | ☐ | ☐ | ——— |

Zentralfigur: Teamleiter

| | selten/ nie 0 | manch- mal 1 | normaler- weise 2 | meistens/ immer 3 | Punkte |
|---|---|---|---|---|---|
| Bei der Besetzung neuer Positionen stelle ich das Anforderungsprofil Potenzialprofilen gegenüber. | ☐ | ☐ | ☐ | ☐ | ____ |
| Ich wähle Fortbildungsmaßnahmen auch in Hinblick auf Fördermöglichkeiten aus. | ☐ | ☐ | ☐ | ☐ | ____ |
| Ich arbeite in meinem Team mit Fördermaßnahmen wie Jobenrichment und Jobenlargement. | ☐ | ☐ | ☐ | ☐ | ____ |
| Bei uns ist Jobrotation eine übliche Form der Förderung. | ☐ | ☐ | ☐ | ☐ | ____ |
| Ich nutze Projekte, um Mitarbeiter zu fördern. | ☐ | ☐ | ☐ | ☐ | ____ |
| Ich bereite Gruppenmitglieder systematisch auf neue Aufgaben vor. | ☐ | ☐ | ☐ | ☐ | ____ |

**Auswertung**  **Bis 10 Punkte**
Sie sollten sich unbedingt intensiver mit dem Thema Mitarbeiterförderung beschäftigen. Nutzen Sie die Vorteile einer passgenauen Förderung.

**11 bis 20 Punkte**
Es gibt für Sie noch eine Reihe von Möglichkeiten, Teammitglieder mehr zu fördern und damit ihre Motivation und ihre Leistung zu verbessern.

**21 bis 30 Punkte**
Sie nutzen Fördermöglichkeiten gezielt. Suchen Sie diese noch zu optimieren.

Grundlage jeder Förderung ist das Interesse des Teammitglieds. Alle Maßnahmen sollten auf Freiwilligkeit beruhen. Ein Mitarbeiter möchte sich entwickeln, nicht „entwickelt werden".

## 24. Einzelne Mitarbeiter fördern

Als Teamleiter sollten Sie zunächst danach fragen, wo die Stärken der einzelnen Gruppenmitglieder liegen, um diese später gezielt ausbauen zu können. Beobachten Sie Ihre Mitarbeiter. Machen Sie sich Notizen. Je systematischer diese sind, desto sicherer können Sie Potenziale einschätzen. Ein probates Mittel hierfür ist ein Beobachtungsbogen: **Potenziale analysieren**

**Mitarbeiterförderung**
Stärken des Mitarbeiters:

1. _____
2. _____
3. _____
4. _____
5. _____

Dinge, die er weniger gut kann oder weniger gerne tut:

1. _____
2. _____
3. _____
4. _____
5. _____

Besondere Talente:

1. _____
2. _____
3. _____

4. _____

5. _____

Entwicklungsmöglichkeiten:

1. _____

2. _____

3. _____

4. _____

5. _____

Diese Punkte sind immer aus zwei Blickwinkeln heraus zu betrachten: aus Sicht des Mitarbeiters und seiner persönlichen Entwicklungswünsche und vonseiten des Teams bezogen auf den Beitrag, den der Einzelne zum Ganzen leisten kann.

**Regelmäßig Fördergespräche führen**

Die Einschätzung des Mitarbeiters ist eine gute Basis, um mit ihm ins Gespräch zu kommen. Ein solches Fördergespräch sollte regelmäßig stattfinden, mindestens einmal pro Jahr. Es kann mit dem oben erläuterten Zielvereinbarungsgespräch verbunden werden. Bewährt hat es sich, aus den systematischen Beobachtungen ein Potenzialprofil zu erstellen und dieses mit dem Anforderungsprofil für die Position abzugleichen. Abweichungen zeigen dann den Förderungsbedarf.

Fähigkeiten eines Teammitglieds können sich auch im Arbeitsalltag oder im Freizeitverhalten in ganz unterschiedlichen Dingen offenbaren. Achten Sie als Vorgesetzter bewusst auf solche Neigungen Ihrer Mitarbeiter, um diese möglicherweise gezielt für das Team zu nutzen:

**Anzeichen für besondere Talente**

- Jemand organisiert traditionell alle Feste im Team, weil ihm dies Spaß macht.

## 24. Einzelne Mitarbeiter fördern

- Ein Mitarbeiter engagiert sich als IT-Dozent für Kollegen.
- Ein Mitglied der Gruppe fungiert als sozialer Ansprechpartner.
- Einer aus dem Team managt in seiner Freizeit einen Sportverein.

Die Mitglieder im Team sind von der Persönlichkeit her mehr oder weniger gut geeignet für die Aufgaben, die sie erfüllen sollen. Bei schlechter Eignung müsste man sich eigentlich fragen, warum ausgerechnet dieser Mitarbeiter für diese Arbeit eingesetzt wird. Aber bekanntlich ist die Berufswahl von vielen Zufällen abhängig, ebenso die Frage, wer im Unternehmen welchen Arbeitsplatz erhält. Bisweilen sind es Zwänge, manchmal hat sich der Mitarbeiter aber auch selbst falsch eingeschätzt.

Existiert zwischen den Anforderungen und den Potenzialen des Mitarbeiters eine Kluft, kann es leicht zu Frustration und Demotivation kommen. Aufgabe des Teamleiters ist es auch, Mitarbeiter und Aufgaben zusammenzubringen und zu prüfen, wer wohin passt (siehe auch Kapitel 3). Je nachdem wie diese Prüfung ausfällt, ergibt sich folgende Situation hinsichtlich einer möglichen/nötigen Förderung:

*Auf Über- und Unterforderung achten*

- **Die Arbeit liegt dem Mitarbeiter, sie füllt ihn aus, er ist zufrieden.**
  Hier ist zwar keine Förderung nötig, aber möglich zur Erhaltung der Motivation oder zur Vorbereitung auf andere Tätigkeiten.

- **Der Mitarbeiter ist überfordert, die Anforderungen sind zu hoch.**
  Unterstützung ist unumgänglich. Allerdings ist sie nur dann zu empfehlen, wenn die Potenziale so weit ausgebaut werden können, dass sie den Anforderungen dann entsprechen. Ansonsten ist ein Arbeitsplatzwechsel innerhalb des Teams oder innerhalb der Organisation ratsam.

- **Die Arbeit fordert das Teammitglied zu wenig.**
  Eine Förderung ist sinnvoll, um die Motivation des Betreffenden zu erhalten und seine Potenziale besser zu nutzen.

Die Förderung kann natürlich auch weit über den Arbeitsplatz hinausgehen. Die Frage ist hier: Welche Potenziale sind ausbaufähig und wie können sie am besten genutzt werden?

Das Anforderungsprofil bildet dann die Zielposition ab, auf die der Mitarbeiter hin entwickelt werden soll.

**Gezielt auf neue Aufgaben vorbereiten**

Jede neue Aufgabe, die Sie einem Teammitglied zuteilen, sollte für Sie als Teamleiter Anlass sein, zusammen mit dem Mitarbeiter zu überprüfen, ob Qualifizierungs- und Fördermaßnahmen notwendig sind. Unterschiedliche Formen der Qualifizierung, von Seminaren über Workshops bis zum Selbstlernen (siehe Kapitel 3), sind organisatorisch in der Regel leicht umzusetzen.

**Stufenweise Anreicherung der Arbeit**

Es gibt weitere Fördermaßnahmen, die aufwendiger sind als Schulungen, aber in der Wirkung auch umfassender. Manche davon sind sogar kostenlos. Systematisch lassen sich drei Ebenen unterscheiden:
- Vorbereitung auf Aufgabenerweiterung im Rahmen der bisherigen Arbeit, etwa Übernahmen aus dem Tätigkeitsbereich eines Kollegen auf derselben Ebene,
- Vorbereitung auf neue Aufgaben/Rollen im Arbeitsteam, beispielsweise Einsatz als Moderator,
- Vorbereitung auf höherwertige Aufgaben, etwa Ernennung zum stellvertretenden Leiter.

**Anreicherung des Arbeitsplatzes**

**Neue Aufgaben im Team**

**Vorbereitung auf höherwertige Aufgaben**

## 24. Einzelne Mitarbeiter fördern

Um die Arbeit im Team abwechslungsreicher zu gestalten und dabei einzelne Mitglieder zu fördern, gibt es mehrere Möglichkeiten:

▪ *Jobenlargement* (zusätzliche gleichartige Aufgaben) **Jobenlargement**

**Maßnahmen:**
▸ Dauerhafte Übernahme von Aufgaben aus anderen Stellen
▸ Schrittweise Aufgabenumstellung im gleichen Bereich
▸ Feste Implementierung von Sonderaufgaben

**Ziele:**
▸ Verbesserung der Motivation
▸ Gesteuerte Entwicklung des Mitarbeiters
▸ Förderung der Flexibilität für zukünftige Tätigkeiten

▪ *Jobenrichment* (qualitative Anreicherung der Tätigkeit) **Jobenrichment**

**Maßnahmen:**
▸ Erweiterung des Handlungsspielraums oder der Verantwortung
▸ Mehrere strukturell verschiedenartige und unterschiedlich schwere Arbeitsvorgänge
▸ Komplexe Aufgabeneinheiten (Planung, Ausführung, Kontrolle)

**Ziele:**
▸ Förderung der Eigenverantwortung und Selbstbestimmung
▸ Verbesserung der Motivation und Leistung

▪ *Jobrotation* (systematisch geplanter Aufgaben-/Arbeitsplatzwechsel) **Jobrotation**

**Maßnahmen:**
▸ Wechselnde Aufgabenübernahme im Rahmen einer bestehenden Arbeitsgruppe
▸ Zusätzliche fachliche Kenntniserweiterung und persönliche Flexibilität

**Ziele:**
▸ Wissen über bereichsübergreifende Zusammenhänge
▸ Perspektivenwechsel
▸ Aufbau von internen Netzwerken

## Zentralfigur: Teamleiter

**Kompetenzerwerb über den Arbeitsplatz hinaus**

Geht man über den Arbeitsplatz hinaus, kommen weitere Möglichkeiten hinzu:
- *Praktika* (als befristete Arbeit in anderen Unternehmen),
- *Stellvertretung* (stellvertretende Übernahme von Aufgaben und Verantwortung),
- *Führung auf Zeit* (Übernahme von Vorgesetztenpflichten für eine bestimmte Periode).

Eher wenig Augenmerk wird bisher darauf gelegt, Teammitgliedern Projektaufgaben oder die Projektleitung selbst zu übertragen und sie so *on the job* zu qualifizieren. Gerade in der Projektleitung lässt sich gut verfolgen, wie der Mitarbeiter diese *Führung auf Zeit* bewältigt, wie sehr er sich damit für andere Führungsaufgaben empfiehlt und durch welche weiteren Fördermaßnahmen er noch unterstützt werden könnte.

Schließlich gibt es zusätzliche Qualifizierungsmöglichkeiten, die auf den ersten Blick nicht unbedingt als Fördermaßnahmen erscheinen:
- Lernen voneinander (Lernpartnerschaften/Lerngruppen),
- Mentoren/Patenschaften für neue Mitarbeiter,
- fachlicher Austausch in Gruppen mit Teilnehmern anderer Bereiche oder Unternehmen.

**Stufenweise fördern**

Die verschiedenen Möglichkeiten sind nicht als einmalige Aktionen zu sehen, vielmehr sind sie am Bedarf auszurichten und können miteinander kombiniert werden. Sinnvoll ist es darüber hinaus, ein Teammitglied zu qualifizieren, indem man ihm Schritt für Schritt mehr Verantwortung überträgt. Ein Jobenrichment könnte beispielsweise so aussehen:

**Beispiel**

*Phase 1: Weglassen von Kontrollen bei gleich bleibender Verantwortung*
*Phase 2: Übertragung zusätzlicher Befugnisse*
*Phase 3: Übertragung der Verantwortung für Arbeitsergebnisse insgesamt*
*Phase 4: Übertragung neuer, schwierigerer Aufgaben*
*Phase 5: Übertragung von Sonderaufgaben*

## 25. Bei Problemen helfen

Durch solche Entwicklungsschritte soll der Erfahrungshorizont des einzelnen Mitarbeiters erweitert werden. Gleichzeit fördert man Flexibilität und Kreativität und verhindert zu starke Spezialisierung sowie ein Verfallen in Routine.

Denken Sie immer an das ganze Team. Fördern Sie Einzelne ohne Berücksichtigung der Aufgabenverteilung in der Gruppe, kann dies zu einem Ungleichgewicht im Team führen.

**Checkliste: Mitarbeiter richtig fördern**    o. k.

- Machen Sie sich ein Bild von den Potenzialen Ihrer Mitarbeiter. ☐
- Sammeln Sie Anhaltspunkte für ungenutzte Potenziale bei der Arbeit und darüber hinaus. ☐
- Achten Sie auf Anzeichen der Über- oder Unterforderung. ☐
- Erstellen Sie für Ihre Mitarbeiter Potenzialprofile. ☐
- Lassen Sie die Teammitglieder sich hinsichtlich ihrer Potenziale selbst einschätzen. ☐
- Nutzen Sie Anforderungsprofile, um Potenziale mit den Erfordernissen des Arbeitsplatzes abzugleichen. ☐
- Stellen Sie die Unterschiede zwischen Selbsteinschätzung und Fremdeinschätzung grafisch dar. Ergänzen Sie gegebenenfalls die Daten des Anforderungsprofils. ☐
- Denken Sie auch an umfassende Fördermaßnahmen wie Jobenrichment oder Projektaufgaben. ☐

## 25. Bei Problemen helfen

Einzelne Mitarbeiter können ihre persönlichen Schwierigkeiten ins Team tragen und Kollegen damit belasten, die Arbeit blockieren, das Gruppenklima vergiften. Nicht selten wird dann aus einem individuellen Problem eine Auseinandersetzung zwischen Kollegen oder gar ein Konflikt in der Arbeitsgruppe (siehe Hauptkapitel „Alltag: Konfliktmanagement"). Fragen Sie sich als Teamleiter oder auch als betroffener Kollege in so einem Fall:

## Zentralfigur: Teamleiter

**Gründe für problematisches Verhalten**

Was steckt hinter dem problematischen Verhalten des Teammitglieds? Ursachen könnten sein:
- *Stress* aufgrund eines Mangels an Zeit, Zielklarheit und Arbeitsmethodik,
- *Frustration* aufgrund eines Mangels an Erfolg und Anerkennung,
- *Unvermögen* aufgrund eines Mangels an Können und Wissen,
- *Rigidität* aufgrund eines Mangels an Flexibilität und positiver Einstellung zu Veränderungen,
- *Egoismus* aufgrund eines Mangels an sozialen Fähigkeiten und sozialer Anpassung.

Rigide und egoistische Menschen verfolgen rein persönliche Ziele im Beruf, ohne auf Interessen der anderen zu achten. Sie sind keine Teamplayer (siehe Kapitel 2). Möglicherweise lassen sie sich über besondere Aufgaben einbinden. Mangelnde Qualifikation ist sicherlich zu einem gewissen Grade durch gezielte Förderung auszugleichen (siehe Kapitel 3 und 24). Bei Stress und Frustration müssen Sie die Zusammenarbeit im Team beleuchten. Was lässt sich hier allgemein verbessern (siehe Hauptkapitel „Bedingung: gute Kooperation")? Allerdings pflegt jeder Mensch seine eigenen Stressprogramme, reagiert anders auf seine Umgebung. Mit Einfühlungsvermögen können Sie Ihrem Mitarbeiter oder Kollegen hier individuell helfen, wenn Sie erkennen, welches „Programm" hinter seinem Verhalten steckt.

**Test: Verhaltenssteuerung**

**Einschätzungshilfe: Verhaltensprogramme**

Welche dieser Aussagen haben Sie von einzelnen Mitarbeitern/Kollegen schon öfter gehört? Kreuzen Sie an.

P Nein, nein, wenn ich das mache, dann mache ich es auch richtig. ☐
R Warum denn der, ich kann das doch viel besser. ☐
H Dazu habe ich nun wirklich keine Zeit, auch wenn es wichtig ist, ich habe doch noch so viel zu tun. ☐
L Ach, heute hätte ich gar nicht aufstehen sollen, immer muss ich die unangenehmen Sachen machen. ☐
F Nein, damit will ich nichts zu tun haben. Das sollen andere machen. ☐
K Eines sage ich Ihnen jetzt schon: Das kann nur schief gehen. ☐

# 25. Bei Problemen helfen

Hinter solchen typischen Äußerungen verbergen sich nicht selten bestimmte Einstellungen. Welche Aussagen haben Sie angekreuzt? Der Buchstabe in der ersten Spalte verrät Ihnen, was für ein Verhaltensprogramm dahinter stecken kann:

**Auswertung**

P das Perfektionsprogramm
R das Rivalitätsprogramm
H das Hetzprogramm
L das Leidensprogramm
F das Fluchtprogramm
K das Katastrophenprogramm

Solche Verhaltensweisen sind für das Team störend, wirken sich negativ auf die Motivation aus, hindern die Arbeit. Deshalb müssen Sie als Teamleiter korrigierend eingreifen. Sie helfen so dem Teammitglied und der ganzen Gruppe.

## Das Perfektionsprogramm

### Einstellung:
*Wenn ich etwas mache, dann ordentlich. Bei mir ist alles immer exakt und fehlerfrei.*
Perfektionisten verbrauchen viel Zeit und Energie dafür, möglichst hundertprozentige Lösungen zu erreichen. Dadurch arbeiten sie selten effizient. Perfekte Resultate sind nicht immer gefordert und führen in der Regel zu vermeidbarem Aufwand. Wer sie anstrebt, setzt sich unnötig unter Druck.

**Perfektionisten schützen**

### So helfen Sie:
Machen Sie deutlich, welche Ergebnisse Sie in welcher Qualität erwarten. Helfen Sie dem Perfektionisten zu unterscheiden, wann optimale Resultate sinnvoll sind und wann sie überflüssigen Aufwand bedeuten. Schreiten Sie ein, wenn das Teammitglied erkennbar seine Kräfte verschwendet.

### Das Rivalitätsprogramm

**Überehrgeizige einbinden**

**Einstellung:**
*Ich will der Beste sein. Keiner soll an mir vorbeiziehen.*
Dieser Mitarbeiter will möglichst immer auf der Siegerseite stehen. Anderen den Vortritt zu überlassen kommt für ihn kaum infrage. Damit schadet er dem Team und häufig auch sich selbst. Übertriebener Ehrgeiz führt schnell zur Enttäuschung, wenn die hohen Ziele nicht erreicht werden.

**So helfen Sie:**
Niemand kann immer gewinnen. Sprechen Sie mit diesem Mitarbeiter, vielleicht wenn er mal wieder „verloren" hat und sich darüber ärgert. Zeigen Sie ihm die Nachteile einer solchen Haltung und erklären Sie ihm, dass er sich unnötig unter Stress setzt und dass Ihnen ein gut funktionierendes Team mit fairen Spielern lieber ist als ehrgeizige Einzelkämpfer.

### Das Hetzprogramm

**Selbst gemachten Stress verhindern**

**Einstellung:**
*Das muss ich ganz schnell noch erledigen. Wenn ich das nicht gleich jetzt mache, bleibt es doch wieder liegen.*
Noch schnell dies, noch schnell das. Viele Menschen hetzen durch ihren Alltag. Was allerdings nicht bedeutet, dass sie effizient arbeiten. Denn in der Regel setzen sie kaum Prioritäten, sie arbeiten hektisch ab, was kommt. Wie sinnvoll die Arbeit ist und wie man sie rationalisieren könnte, interessiert sie nicht. Im Gegenteil: Dann hätten Sie ja vielleicht gar nicht mehr so viel zu tun und könnten nicht mehr klagen.

**So helfen Sie:**
Bei Hektik nimmt die Arbeitsleistung merklich ab. Solche Teammitglieder könnten bessere Ergebnisse erreichen, wenn sie lernten, erst zu planen, Prioritäten zu setzen und sich dann systematisch ihren Aufgaben zu widmen. Es gilt, die Arbeitsorganisation zu verbessern. Schicken Sie den Mitarbeiter auf ein Seminar zum Thema Selbstmanagement. Besprechen Sie mit ihm Ziele, helfen Sie ihm, Wichtiges und weniger Wichtiges zu unterscheiden.

## Das Leidensprogramm

**Einstellung:**
*Alle sind gegen mich.*
*Niemandem kann ich es recht machen.*
Wer so denkt, ist der geborene Verlierer. Nichts klappt in seinen Augen, keiner mag ihn. Eine solche negative Einstellung zieht dann das Unglück oft wirklich an – hier wirkt die sich selbst erfüllende Prophezeiung. Das Teammitglied wird sich nach und nach immer mehr in seine Schmollecke zurückziehen.

**Selbstvertrauen stärken**

**So helfen Sie:**
Eine solche Haltung ist meist im Laufe vieler Jahre gewachsen. Deshalb lässt sie sich nicht ohne weiteres ändern. Genauso wie der Mitarbeiter gelernt hat, Dinge durch eine graue Brille zu sehen, muss er wieder lernen, die positiven Seiten wahrzunehmen. Helfen Sie ihm und achten Sie auf Dinge, die anerkennenswert sind. Loben Sie möglichst oft, versuchen Sie Kritik (vorübergehend) zu vermeiden.

## Das Fluchtprogramm

**Einstellung:**
*So was Schwieriges, das ist nichts für mich.*
*Kann das nicht jemand anderes machen?*
Anforderungen – bitte nicht! Wer sich vor anspruchsvollen Aufgaben regelmäßig drückt, wird nie erfahren, dass vieles doch gar nicht so schwer ist, wie er glaubt, und er wird nie seine Unsicherheit verlieren. Doch auch Unsicherheit ist ein Stressfaktor. Wer wenig Selbstvertrauen hat, steht ständig unter Druck. Und: Unsicherheit paart sich oft mit Bequemlichkeit. Jemand, der bei Schwierigkeiten kneift, ist eine Belastung für das Team.

**Unsichere ermutigen**

**So helfen Sie:**
Übertragen Sie diesem Mitarbeiter Tätigkeiten, die schnell zu Erfolgen führen. Gehen Sie Schritt für Schritt vor, überfordern Sie ihn nicht. Erst wenn er etwas Zutrauen zu seiner Leistungsfähigkeit gewonnen hat, erhöhen Sie die Anforderungen. Lassen Sie auf der anderen Seite keine Ausflüchte zu. Denn das ginge zulasten der anderen Teammitglieder.

### Das Katastrophenprogramm

**Pessimisten aufmuntern**

**Einstellung:**
*Das kann nur schief gehen.*
*Das klappt doch ohnehin nicht.*
Der Berufspessimist ist sicher: Auch diesmal droht wieder eine Katastrophe. Das Bemerkenswerte: Wer so denkt, wird sich meistens auch so verhalten, dass ein Misserfolg wahrscheinlicher wird. Ein typischer Fall der sich selbst erfüllenden Prophezeiung.

**So helfen Sie:**
Reden Sie mit dem Mitarbeiter über seine Einstellung, zeigen Sie ihm, dass er die Situation aktiv beeinflussen kann und dass es eine ganze Reihe von Hilfen gibt, Misserfolge zu vermeiden: etwa genaue Planung, Risikoanalyse, systematisches Qualitätsmanagement oder die Beratung mit anderen. Probieren Sie diese Hilfen gemeinsam aus. Hier kann das ganze Team helfen.

Manche Teammitglieder stehen sich selbst im Wege – durch eine ungünstige Einstellung und unsinnige Verhaltensprogramme. Helfen Sie diesen Kollegen. Sie tun damit nicht nur ihnen einen Gefallen, sondern dem ganzen Team und letztlich dem Unternehmen und sich selbst als Teamleiter und Mitbetroffenen.

## 25. Bei Problemen helfen

Überlegen Sie, welche der beschriebenen Verhaltensstereotype in Ihrem Team vorkommen und wie Sie helfen können. Haben Sie in Ihrer Gruppe

**Checkliste: Hilfe bei individuellen „Stressprogrammen"**

Ja

Perfektionisten (P)? ☐
Wie helfen Sie ihnen?

_____

_____

_____

_____

Überehrgeizige (R)? ☐
Wie helfen Sie ihnen?

_____

_____

_____

_____

Gehetzte (H)? ☐
Wie helfen Sie ihnen?

_____

_____

_____

_____

Zentralfigur: Teamleiter

Leidende (L)? ☐
Wie helfen Sie ihnen?

_____

_____

_____

_____

Unsichere (F)? ☐
Wie helfen Sie ihnen?

_____

_____

_____

_____

Berufspessimisten (K)? ☐
Wie helfen Sie ihnen?

_____

_____

_____

_____

**Ein Spitzenteam braucht gute Spieler, die ihren Ehrgeiz in den Dienst der Mannschaft stellen – dann ist es schwer zu schlagen.**

# Ein Wort zum Schluss

Sie sind am Ende dieses Buches angelangt und haben hoffentlich viel an Erkenntnissen für sich persönlich gewinnen können. Nun heißt es einen Schritt weitergehen: sich Ihr Team vorzunehmen und gemeinsam den Erfolg zu suchen. Die Anregungen in diesem Buch, die Checklisten und Merksätze können Ihnen dabei helfen. Ich glaube, dass es sich lohnt. Dass alle davon profitieren, wenn Sie im Team erfolgreich arbeiten und genauso erfolgreich zusammenarbeiten. Denn schließlich verbringen Sie viel gemeinsame Zeit mit Ihren Kollegen und Mitarbeitern und diese Zeit sollte angenehm, motivierend und vielleicht ab und zu auch spannend sein.

Man kann Erfolg schaffen, wenn man als Gruppe an einem Strang zieht. Und Sie wissen ja:

Erfolg schafft wiederum Erfolg.

*Rolf Meier*

# Literatur

Conny H. Antoni: *Teamarbeit gestalten*, Weinheim 2000

Rainer Baldegger: *Erfolgreich im Team*, Aarau 2004

Rolf H. Bay: *Teams effizient führen*, Würzburg 2002

R. Meredith Belbin: *Management Teams*, Burlington 2001

Susanne Bender: *Teamentwicklung*, München 2002

Rolf van Dick, Michael A. West: *Teamwork, Teamdiagnose, Teamentwicklung*, Göttingen 2005

Udo Haeske: *Team- und Konfliktmanagement*, Berlin 2002

Christoph V. Haug: *Erfolgreich im Team*, München 2003

Armin Krenz: *Teamarbeit und Teamentwicklung*, Wehrheim 2004

Armin Poggendorf, Hubert Spieler: *Teamdynamik*, Paderborn 2003

Herta Singer: *Teamentwicklung*, Gütersloh 2005

Siegfried Stumpf (Hrsg.): *Teamarbeit und Teamentwicklung*, Göttingen 2003

Monique Vergnaud: *Teamentwicklung*, München 2004

Jürgen Wegge: *Führen von Arbeitsgruppen*, Göttingen 2004

# Stichwortverzeichnis

Abschiedsphase 46
Abstimmungsbedarf 127
Abstimmungsprozesse 11
Abwechslung 108
Analyse kritischer
 Zwischenfälle 23
Anerkennung 106
Arbeitsanreicherung 172
Arbeitsklima 7, 91, 98,
 115, 129, 133–135, 175
Arbeitsorganisation 99
Arbeitsteams 10, 15
Außenseiter 34

Basisanforderungen 16
Beobachter 37
Bequemlichkeit 122
Besprechungen 67–69
Betroffenheitsanalyse 23
Beziehungsebene 8, 91, 98, 130
Blitzlicht 119
Brainstorming 84 f.

Delegation 56–61
Demotivation 97, 107–109, 154

Egoismus 176
Ehrgeiz, übertriebener 178
Eigenverantwortung 8
Einstellung 12, 17, 137 f., 177–180
Einzelgänger 32
Engagierte 32

Entscheidungsfindung,
 systematische 80
Entscheidungskriterien 87
Entscheidungsvoraussetzungen
 80 f.
Entwicklungsziele 158

Fachpromotoren 31–33
Feedback einholen 116–119, 162
–, geben 119–121
Feedbackregeln 120 f.
Fehleranalyse 111 f.
Fehlerkultur 115
Fehlermanagement 111–115
Fluchtprogramm 179
Fördergespräche 170
Fordern 108 f.
Frustration 176
Frustrationstoleranz 17
Führungseigenschaften,
 negative 154
–, positive 154

Gegenführer 35
Gesprächsphasen 162 f.
Gestalter 37
Gestaltungsspielräume 8, 28
Gruppenclowns 33 f.
Gruppendynamik 40, 46
Gruppengröße 11, 94

Harmoniestreben 44, 101 f., 129

## Stichwortverzeichnis

Harte Teamfaktoren 11
Hemmungen als Kommunikationsproblem 72
Hetzprogramm 178
Hierarchie 7, 153, 157

Ideengeber 36 f.
Identifikation 91
Informationsdisziplin 70 f.
Informationsfluss 63 f., 99
Informationsverlust 73
Informationsweg 65–67
Informationswert 65
Innere Kündigung 92 f.
Integrationsphase 44 f.
Interessenkonflikte 12, 99, 137

Jobenlargement 173
Jobenrichment 173
Jobrotation 173

Karrieristen 32 f.
Kartenabfrage 119
Katastrophenprogramm 180
Klatsch und Tratsch 123
Kollektive Verweigerung 97
Kommunikationsregeln 75–77
Kompetenz, fachliche 15, 22–28
-, methodische 15, 23
-, soziale 15, 22, 156
Konfliktanlass 136
Konfliktanzeichen 131 f.
Konflikte, Deeskalationshilfen 139 f.
Konfliktentfaltung 140 f.
Konfliktlösung 145–147
Konfliktmanagement 127–151

Konfliktphasen 140 f.
Konfliktpotenziale 130
Konfliktstile 142–144
Konfliktursachen 128 f., 136–138
Konfliktverstärker 128
Konformitätsdruck 44
Konfrontationsphase 42 f.
Konkurrenzdenken 12, 102, 178
Konsens 81
Kreative Unruhe 126
Kreativität 17
Kreativitätstechniken 84 f.
Kritikfähigkeit 18

Leidensprogramm 179
Leistungsanforderungen 16
Leistungsziele 158 f.
Lernbereitschaft 18
Lernfähigkeit 18
Lernwege 25 f.
Lösungsbewertung 86–88

Management by Exception 154
Management by Objectives 158
Mediation 153
Meilensteine 125
Meinungsführer 32
Meinungsverschiedenheiten 128
Missverständnisse 72 f.
Mitarbeiterförderung 22–29, 162, 166–175
Mitarbeiterziele 158
Mitläufer 33, 35
Mobbing 148–151

Moderation von Teams
  117–119, 153
Moderationstechniken
  117–119
Motivation 7, 59, 97, 104–109,
  154, 159
Motivationsverlust 107
Motivatoren 104 f.
Müßiggang 97

Nachrichtenübermittlung 73
Normen 48, 91
Null-Fehler-System, Gefahren
  110

Organisationsphase 43 f.
Orientierungsphase 41 f.

Perfektionismus 110 f., 177
Perfektionsprogramm 177
Persönliche Entfaltung 106 f.
Persönlichkeitsmerkmale
  18–20, 32 f., 36 f., 137,
  177–180
Pessimismus 180
Potenziale 167–170
Prestigewünsche 106
Problemanalyse 23, 81–88
Problem-Netzwerk 83 f.
Punktabfrage 118
Pyramide der Motive 105

Qualifizierungsbedarf 23 f.
Qualifizierungsplan 25
Qualität des Entscheidungs-
  prozesses 89 f.
Qualitätsprüfer 37

Rahmenbedingungen 9, 13,
  93 f.

Regeln 49
Resignation 132
Ressourcenverwalter 37
Riemann-Modell 18–20
Rigidität 176
Risikoanalyse 88 f.
Rivalitätsprogramm 178
Rollen 30–40, 96, 152–158
Rollenerwartungen 34
Rollenkonflikte 34 f., 45
Rückzug 97

Sachebene 8, 13, 46, 91,
  128
Sachziele 13
Schulungsziele 24
Schwachstellenanalyse 23
Selbst organisiertes Lernen
  26
Selbststeuernde Gruppen 7
Selbstvertrauen 179
Sicherheitsbedürfnis 105 f.
Sozialpromotoren 31, 33,
  102
Soziogramm 35 f.
Stress 176, 178
Synergie 7, 11

Teamanalyse 93
Teambildungsphasen 41–46
Teamfähigkeit 17 f., 95 f.
Teamgeist 8, 13, 101 f., 157
Teamkennzeichen 7
Teamkonstellation 15 f.,
  94 f.
Teamziele 13, 50–55, 158
Temporäre Teams 10, 15
Transferlücke 27
Transparenz 62

## Stichwortverzeichnis

**U**nsicherheit 179
Unvermögen 176

**V**eränderungsphasen 125
Veränderungsprozesse 122–126
Verantwortung 56, 108
Verhaltensanalyse 23, 176 f.
Verteilungskonflikte 137
Vertrauen 103
Vorerfahrung als Kommunikationsproblem 77

**W**eiche Teamfaktoren 11
Werte 91
Widerstände 95, 122–125

Widerstandssignale 123
Wir-Gefühl 8, 13, 46, 91

**Z**ielbedingungen 52 f.
Zielkonflikte 137
Zielkontrolle 54 f.
Zielpromotoren 31 f.
Zielvereinbarung 50 f., 159–166
Zielvereinbarungsgespräch 160–166
Zielworkshop 51
Zuarbeiter 36
Zurufabfrage 118

# Business-Bücher für Erfolg und Karriere

Love it don't leave it
200 Seiten
ISBN 3-89749-502-3

Beziehungsmanagement
144 Seiten
ISBN 3-89749-503-1

Die souveräne Stimme
ca. 220 Seiten
ISBN 3-89749-505-8

Selbstmanagement
160 Seiten
ISBN 3-89749-550-3

Souverän freie Reden halten
168 Seiten
ISBN 3-89749-363-2

Grundlagen erfolgreicher Mitarbeiterführung
180 Seiten
ISBN 3-89749-548-1

Erfolg durch Effizienz
191 Seiten
ISBN 3-89749-433-7

Erfolgreiche Führungsgespräche
192 Seiten
ISBN 3-89749-464-7

Gestern Kollege – heute Vorgesetzter
176 Seiten
ISBN 3-89749-463-9

Ganz einfach verkaufen
136 Seiten
ISBN 3-89749-341-1

Das 1x1 der Selbstmotivation
160 Seiten
ISBN 3-89749-551-1

Moderation & Kommunikation
136 Seiten
ISBN 3-89749-003-X

Informationen über weitere Titel unseres Verlagsprogrammes erhalten Sie in Ihrer Buchhandlung, unter info@gabal-verlag.de oder im GABAL Shop.

## www.gabal-shop.de

# GABAL — Karriere-Ratgeber mit Internet-Workshop

e-mail-kommunikation
*144 Seiten*
*ISBN 3-89749-178-8*

telefonpower
*128 Seiten*
*ISBN 3-89749-175-3*

telefonsales
*128 Seiten*
*ISBN 3-89749-288-1*

erfolgsrhetorik für frauen
*128 Seiten*
*ISBN 3-89749-364-0*

stimmtraining – ... und
plötzlich hört dir jeder zu
*128 Seiten*
*ISBN 3-89749-176-1*

powerpräsentation
mit powerpoint
*320 Seiten*
*ISBN 3-89749-365-9*

projektmanagement
*128 Seiten*
*ISBN 3-89749-431-0*

Zeitmanagement
*128 Seiten*
*ISBN 3-89749-430-2*

internet – quick & easy
*128 Seiten*
*ISBN 3-89749-253-9*

nutzen bieten –
kunden gewinnen
144 Seiten
ISBN 3-89749-254-7

sie bekommen nicht, was sie verdienen, sondern was sie verhandeln
128 Seiten
ISBN 3-89749-177-X

busiquette –
korrektes verhalten im job
128 Seiten
ISBN 3-89749-289-X

business with
the japanese
128 Seiten
ISBN 3-89749-461-2

die 100%-
bewerbung
160 Seiten
ISBN 3-89749-462-0

Überzeugen ohne zu
argumentieren
128 Seiten
ISBN 3-89749-511-2

Persönlichkeitsmarketing
128 Seiten
ISBN 3-89749-510-4

assessment center
160 Seiten
ISBN 3-89749-552-X

bewerben in traumbranchen
128 Seiten
ISBN 3-89749-553-8

Informationen über weitere Titel unseres Verlagsprogrammes erhalten Sie
in Ihrer Buchhandlung, unter info@gabal-verlag.de oder im GABAL Shop.

## www.book-at-web.de

**G**esellschaft zur Förderung
**A**nwendungsorientierter
**B**etriebswirtschaft und
**A**ktiver
**L**ehrmethoden in Hochschule und Praxis e.V.

**Was wir Ihnen bieten**
- Kontakte zu Unternehmen, Multiplikatoren und Kollegen in Ihrer Region und im GABAL-Netzwerk
- Aktive Mitarbeit an Projekten und Arbeitskreisen
- Mitgliederzeitschrift *impulse*
- Freiabo der Zeitschrift wirtschaft & weiterbildung
- Jährlicher Buchgutschein
- Teilnahme an Veranstaltungen der GABAL und deren Kooperationspartner zu Mitgliederkonditionen

**Unsere Ziele**
Wir vermitteln **Methoden und Werkzeuge**, um mit Veränderungen kompetent Schritt halten zu können und dabei unternehmerische und persönliche Erfolge zu erzielen. Wir informieren über den aktuellen Stand **anwendungsorientierter Betriebswirtschaft**, fortschrittlichen Managements und menschen- und werteorientierten Führungsverhaltens. Wir gewähren jungen Menschen in Schule, Hochschule und beruflichen Startpositionen **Lebenserfolgshilfen**.

## Klicken Sie sich in unser Netzwerk ein!

mailen Sie uns:
**info@gabal.de**
oder rufen Sie uns an:
**06132 / 50 95 90**
Besuchen Sie uns im Internet:

**www.gabal.de**